史上第一本 權威醫療團隊寫給妳的

坐月子・新生兒
照護全攻略

推薦序

產後媽咪、隊友、家中長輩都要看的一本

　　人家說第一胎照書養，那一定就是這本書了！（第二胎照豬養的部分今天先不討論）這本書要推薦給三種人看。第一是孩子的爸，請當個神隊友，太太開心全家都開心，太太憂鬱你肯定會更憂鬱；第二是家中長輩，不管你們過去多麼成功的生育出下一代，看完這本書以後請暫時閉上你們的嘴，交給專業的來；第三是孩子的媽，妳正在面臨的一切真的很困難，苦悶的時候不能快轉，措手不及的時候也不能暫停，但妳也值得驕傲，因為妳始終無可取代！一切的辛勞，只要孩子一個天使般的笑容，就值得了。

桃園療養院精神科醫師

洪育遠

一本迎接新生命的寶典

　　這是非常適合新手爸媽閱讀的一本書，內容從產後到新生兒的挑戰，坐月子的營養、如何解憂等，也包含每一位新手爸媽的困擾與疑問，例如關於新生兒發燒的就醫原則，吳醫師提供了新生兒照顧最實用的建議。張簡臨床心理師的心理學技巧很實用，分享懷孕媽媽如何放鬆、緩解壓力，在家庭中建立安全與信任的關係，讓家變成每一個人的避風港。李醫師及楊營養師設計的月子餐內容，更貼近現代媽媽產後要「享瘦」，又要營養滿滿的需求。透過這本書，新手爸媽可以更了解醫學、營養學、心理學的實用知識，因為在新生兒階段的養護，是健康成人的基石，影響深遠。

大樹診所院長

坐好月子，就是善待自己

很多人問我：「莊醫師，你贊成坐月子嗎？不是很多外國人都不坐月子的？你們西醫也贊同坐月子嗎？」我的答案是：坐月子很重要。

女人從懷孕的第一天起，身體因為荷爾蒙變化而產生很多改變：子宮從本來的拳頭大小要長到能裝載一個 3 公斤重、45 公分長的北鼻，韌帶要變鬆，器官要被擠壓，心肺肝腎功能要供應兩個人的需要；然後經歷生死一線間的生產；在經歷了這些之後，媽媽的身心靈當然需要時間調養和修復，所以，坐月子很重要。

一本好的坐月子書就像一個好朋友陪伴著妳度過這段時期。妳可能因為初為人母很興奮；但也可能因為身材變形或小孩哭不停而很憂鬱。這本由秀傳專業醫療團隊編寫的坐月子書，就是當妳迷惘的時候給妳知識和力量，讓妳宅著坐月子也可以得到專業的建議（比方說：當婆婆媽媽跟妳說不能洗頭的時候，就把這本書拿出來說：「醫生說可以洗頭」）。

回顧我自己的人生，坐了三次月子，深深覺得月子坐得好、受用一輩子。誠心推薦這本由專業人士編寫的月子書，陪伴妳度過這段角色轉變、責任加重，心滿意足但又累到很想哭，五味雜陳的一個時期。

振興醫院婦產科資深主治醫師

健忘失神的「媽媽腦」和「產後憂鬱」息息相關

十分激賞秀傳「孕產、新生兒照護醫療團隊」的用心，這已經是《權威醫療團隊寫給妳的》百科系列第二彈了，有別於第一本懷孕生產書，本書著重在「坐月子‧新生兒照護」，更加引起我這位腦神經科醫師的高度興趣，大家會狐疑「大腦」和坐月子、育兒有何相關？這便是這本書獨到之處，書中花了很大篇幅著重在「產後憂鬱」和其「解憂指南」，而大腦功能退化（記憶、專注力下降）、失眠等等的相關症狀，都是我門診的媽媽病人們，時常困擾的身心問題。再者，大家一定聽過「一孕笨三年」這種類似恐怖詛咒的俗語吧！其實這種產後比較遲鈍、健忘失神的「媽媽腦」現象，也和產後憂鬱的情況息息相關！

我十分喜歡書中「產後解憂秘方」提到，適時將壓力和寶寶照顧負荷，分擔給自己的「神隊友」，真的無比重要，心理師提出了如果另一半不願配合時，我們該如何調整情緒，甚至還有「四個方法打造神隊友」，看得我真是點頭如搗蒜，立刻筆記下來，之後要在門診好好跟媽媽病人們分享！

許多時候，當病情變得嚴重，例如憂鬱、焦慮已經嚴重干擾生活、育兒、工作，這不是因為我們太弱，反而是因為個人性格，凡事都想自己扛、不好意思麻煩別人，也因此錯過了好好「覺察自己」的機會，導致身心失衡，陷入失眠、情緒低落或焦躁的惡性循環中，更有可能出現思考渾沌、健忘的「腦霧」問題！書中有許多引導媽媽們「自覺」的方法和實際步驟，配合相對應的解方，相信無論是新手媽媽或神隊友新手爸爸們，都會和我一樣獲益良多！

腦科學博士暨神經科臨床醫師

學理與實用性兼具的坐月子好書

　　從懷孕到生產，媽媽的身心都經歷了巨大的改變。每一次生產，媽媽的骨盆底器官為了讓寶寶產出，幾乎是放到最鬆的狀態。因此，產後坐月子讓身體修復和骨盆底器官恢復原位非常重要，以免年老時有脫垂或漏尿的問題。這本書內容豐富、圖文並茂、深入淺出。不但分享了產後和坐月子時要注意的大小事（連產後一兩天產婦容易昏倒，家人應陪同上廁所這麼細膩但重要的事都有寫），也顧全媽媽產後的心理和飲食的調理，真是兼具學理和實用性，而且很容易閱讀的一本好書！

花蓮慈濟醫院婦產科醫學博士

從產後照護到心靈呵護，陪妳走過調養身體的黃金時期

　　身為減重醫師，遇過不少產後瘦不下來而前來求助的媽咪們。多半是忙著照顧寶寶，回過神來才發現，身材已經完全變了樣。其實坐月子時，媽媽就可以開始為瘦身做準備了。這本書就提供了產後飲食的三大原則，包括如何兼顧哺乳、調養身體和產後瘦身。其中，把握攝取「植物性蛋白質」，是兼顧減脂和追奶不可或缺的營養素，以及，產後兩週才能吃麻油雞，因為麻油會促進子宮收縮，米酒則會加速血液循環，不適合在傷口還沒有癒合的時候食用。產後的妳再忙再累，也請謹記以上兩點。

　　從產後照護到心靈呵護，就讓這本書陪妳走過產後調養身體的黃金時期。好好恢復體力、同時調適自己，迎向人生的新階段。

三樹金鶯診所體重管理主治醫師

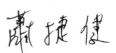

總策劃序

　　身為兩個孩子的媽，一次入住月子中心、一次聘請月嫂，最近又參與了「秀傳產後護理之家」的建置，從家具挑選、動線設置、課程安排、月子餐試吃……，只能說，品質是細節堆疊出來的，也因為如此，翻開書稿前，我以為自己跟「坐月子」這件事夠熟，實際閱讀後，才發現根本從頭認識坐月子這個概念的博大精深。

　　本書提到的許多狀況我都遇上了（即使我自己是醫師！），生產完去洗手間頭暈站不起來、大量落髮、在母乳哺餵上遇到困難、想追奶變成追肥肉、照顧寶寶顧到自己一點都不開心等等。書裡好多橋段都讓我頻頻點頭：「沒錯，當初就是這樣！」也感嘆「要是當時能有系統的了解這些知識會更好。」

　　選擇何種方式坐月子，是網路「月經題」，其實沒有正確答案。即便選擇專業機構度過產後頭幾週，最終寶寶還是要回家（請面對現實）。本書設計即是以新手家長的角度出發，輕鬆講解產後媽咪自身以及照顧寶寶可能遇到的問題。產前翻翻有概念，產後有問題，認真讀讀找答案，即使是跟長輩理念不同時，也有根據可以好好「溝通」。畢竟本書可是集結秀傳醫療體系的婦產科醫師、中醫師、心理師與營養師的堅實團隊，搭配專業編輯，彼此你來我往、嘔心瀝血的成果，強烈建議新手爸媽要放在隨手可得的位置，因為你們一定會需要的！

　　最後，以大腸直腸外科醫師的身份提醒各位媽媽：在懷孕生產時，多少會出現肛門不適的情況，因此在坐月子期間務必攝取足夠膳食纖維，雖然很多媽咪會希望「補充營養」，偏好攝取蛋白質與澱粉，忽略攝取蔬果，就導致排便問題，苦不堪言。此時，千萬不要避諱就醫：正視便祕、痔瘡問題就可以大幅減緩不適，別怕，醫師不會一見面就逼妳開刀的！

秀傳紀念醫院大腸直腸外科主治醫師

林安仁

作者序

把握身體照護原則、釐清月子迷思，坐月子不再心慌

　　從醫二十五年來，接生了數以萬計的寶寶，每一次抱出一個新生命，除心中深刻的喜悅和祝福之外，我也常思考，如何以更有效的方式傳遞孕期、產後相關的正確知識給媽咪們，畢竟實在太常碰到媽媽們在網路查資料，越查越害怕、越焦慮，有的會趁回診時一次問清楚，那是幸運，但是如果沒有呢？尤其坐月子是女性產後的身體修復關鍵期！恰好，遇上了與台灣廣廈出版團隊合作的機會，延續上一本《權威醫療團隊寫給妳的懷孕生產書》，這一本可說是給新手爸媽的坐月子、新生兒照護的安心指南。

　　在產後住院期間，媽媽們的身體照顧要把握兩個原則，一是盡量讓家人陪同，二是特別注意傷口狀況和排尿的情形。出院後，如果是到月子中心的媽咪，還會有護理人員協助照顧寶寶，但如果是在家坐月子，媽咪多少要面對一個人照顧寶寶的情況，我建議在住院期間就要多熟悉孩子的性格，早一點開始「母嬰同室」，每個寶寶都有天生的人格特質，多花時間和寶寶相處，就能降低日後照顧措手不及的可能。至於產後瘦身，以我們婦產科的觀點，會認為媽媽平安健康最重要，畢竟在餵母乳時就會消耗許多熱量，在飲食上，特別注意產後第一週避免攝取含有人參、麻油、米酒的料理，這些食材可能造成出血量變大，對傷口復原有不良影響。

　　我負責的產後照護單元內，除了基礎護理，也提供了一些細節提醒，以及解答媽咪們在診間的高頻率問題，例如大量落髮怎麼辦、產後多久有月經，甚至是會陰整形、老公表示伴侶產後性慾下降等問題，希望能幫助媽媽們更了解自己的身體，不至於被坐月子迷思給綁架，在飲食與新生兒照顧上，再結合中醫師、營養師、心理師與兒科醫師的專業資訊，相信能讓新手爸媽坐月子期間不慌亂。

彰濱秀傳紀念醫院婦產部主任

林坤沂

獻給產後媽咪的美味月子餐，補對營養、修復身體不發胖

　　《權威醫療團隊寫給你的坐月子、新生兒照護全攻略》是《權威醫療團隊寫給你的安心懷孕生產書》的同系列書籍，這是第二次與廣廈出版社合作，我們先與出版社討論這本書想呈現的方式，承續第一本的概念，希望從懷孕到生產、生產後坐月子及新生兒照護，提供讀者既實用又安心的百科全書。

　　在這本書中，我與營養師合作設計 PART2 的「享瘦月子餐」。身為專攻婦科領域的中醫師的我，除了以醫療專業為出發點，更以自己先前產後坐月子的心境來準備，期望內容更貼近產婦的實際需求。老祖宗常說「藥食同源」，產後大多產婦處於氣血虧損狀態，要正確攝取營養，才得以迅速恢復到懷孕前的身體狀態，甚至比孕前更好。除此之外，產婦最在意的是身材的復原，所以每一道食譜都計算了熱量，讓產婦可以安心吃，也不怕攝取過多熱量而發胖。

　　每一道坐月子料理作法也非常簡單，由於產婦在坐月子期間多難以親自下廚，可能交由媽媽、丈夫或婆婆協助，所以我們在食材、藥材選擇上，皆以容易取得為主，並慎選烹調方法，讓每一道料理不僅色香味俱全、營養成分不流失，也讓月子料理不再侷限於「藥補」的範圍。不過，由於一本書的篇幅有限，尚難以全面概括所有中醫的觀念，倘若讀者有不清楚之處，也歡迎與您的中醫師多討論。

　　本書內容詳實豐富，各單元都是作者與編輯群共同努力的結晶，將重要觀念深入淺出，並佐以溫暖活潑的插畫、溫馨的提示語，讓讀者可以不費力的閱讀。相信您會感受到出版社編輯、作者群的用心！

彰化秀傳紀念醫院中醫部主治醫師

把握產後30天，吃對補、吃好補，月子期輕鬆享瘦

歷經耗盡氣血與精力誕下寶寶後，產後媽咪開始擔憂哺乳不成功、奶水不足、給寶寶的營養不夠，還得面對自身的生理不適，以及如何將流失的能量補回。不過，幸運的是，以上都可以透過飲食來改善。

俗話說：「月子坐得好，越活越年輕」，本書的產後坐月子菜單，兼具中醫學、西醫營養學的優點，書中提供 102 道餐點，每一道都依產後媽咪的需求量身打造，並且依照功效分為四大類：產後潤腸胃的高纖主食、追奶必備的高蛋白主菜、養血又補氣的高鐵高鈣蔬食、產後調理養生的湯料理。媽咪可以按自己的喜好搭配，也不妨參考熱量與全營養標示，就能將每餐控制在 500 卡上下，均衡飲食讓妳能輕鬆瘦回孕前體重、不易產生飢餓感。

在實務經驗上，我遇過許多職業婦女因工作忙碌而放棄哺餵母乳，也有媽咪認為大概餵 2 到 3 個月的母乳就足夠了！但事實上，坐月子期間全身囤積的脂肪會在產後容易轉換成熱量哺餵寶寶，所以親餵的媽咪較不會虎背熊腰，且每分泌 100c.c. 的母奶，平均就能消耗 60 ～ 70 大卡熱量，每消耗 7700 大卡就是減少 1 公斤（換算下來，約兩週就能瘦下 1 公斤）。而喝母乳的寶寶也不易發生營養不足或過剩的情形，還能增加免疫力、降低過敏症狀。所以，呼籲媽咪們，餵母乳的好處真的太多了，別輕易放棄！

總結產後飲食重點如下：

· 產後 1 個月：首重六大類食物均勻攝取、適當休息，讓擴大的骨盆腔復位後，日後較不致腰痠背痛。

· 產後 3 個月：有哺乳的產後媽咪飲食重點，比孕前增加 500 大卡熱量和 20g 蛋白質，此 20g 蛋白質大約為「1 杯牛奶＋1 兩肉或 1 顆蛋」，這些份量可當成點心（1 兩肉的份量，約等於女性將四根手指併攏的指節部位大小）。

· 產後 6 個月：持續均衡飲食，避免高油、高鹽、高熱量食物，輔以適度運動，甚至能達到比產前更好的身材。

彰化秀傳紀念醫院營養部組長

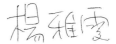

親愛的媽媽們，請相信妳不是獨自一人

從事臨床心理師工作 20 多年，由於持續在綜合醫院的精神科或身心科任職，接觸的病人不論男女老幼，都在我的服務範圍內，其中一個很特別的族群就是媽媽。當經歷人生中重大的改變，也就是結婚生子後，媽媽一方面要接受生理上的變化，一方面要做好心理上的調適，還要擔負起一般人、甚至也是自己對「母親」這個角色的期待，那些壓力絕對足以讓人慌到也想叫「媽～」

我想，媽媽真的是世界上最偉大的一種生物！

我目前跟姐姐一家同住，姊姊、姊夫有兩個相差 1 歲半的兒子。姐姐兩胎的懷孕生產及幼兒養育之路，我都陪著她走過，因此除了原有的知識外，也增加了許多實務經驗，更讓我瞭解到身為母親的心路歷程。從懷孕待產期間的不適、期待、擔憂，到坐月子時期的感受、產後憂鬱，以及育嬰留停期間，一個母親從全職主婦，接著重返職場成為職業婦女後，可能遇到的各種挫折與感受。尤其，如何將伴侶從豬隊友變成神隊友，想必是困擾許多媽咪的難題。書中提到的真實經歷，有許多是我在姐姐身上看見、感受到的，書中提供的方法也經過實際應用，希望能對閱讀此書的媽媽們有所幫助。

親愛的媽媽們，請相信世界上還有別人跟妳有一樣的感受、遇到了一樣的問題，經過反覆的思考、調整對策，我們一定可以從生活中找到讓自己過得更自在、更愉快的方法，跟著我們的腳步，妳也可以做到。

彰化秀傳紀念醫院精神科臨床心理師

父母是守護新生兒健康的堅實堡壘

在台灣少子化趨勢愈來愈嚴重的今日，年輕一代的夫妻恐懼生兒育女，除了現實的經濟壓力外，對於「生產」過程的擔憂以及「養育」小孩的焦慮，也是不可忽視的原因。本系列的第一本《權威醫療團隊寫給妳的懷孕生產書》，提供了豐富的知識幫助女性安心度過懷孕到生產，而在寶寶呱呱墜地那一刻起，新手爸媽必須開始面對新生兒照護的一連串挑戰，別擔心，新生兒時期常遇到的問題，在本書中都有解答。

筆者於臨床照護兒童已有十多年，但其中心境最大的轉折是在成為兩個孩子的爸爸後，伴隨著自己孩子的成長和面對每位父母都會遇到的育兒課題，更能體會來門診每位新手爸媽心中的焦慮。

每個孩子都是父母的寶貝，孩童的任何身體病痛多半由兒科醫師來解決，現今要做一位合格的兒科醫師，不能只會看診治病，更要積極讓家長了解疾病的預防與處理，成為兒童健康的守護者。儘管身處網路發達的時代，過多良莠不齊的資訊反而造成家長選擇的困難，本書新生兒照護的內容，除了提供專業的醫學知識，也是筆者長期在門診與每位爸媽互相交流的經驗分享。

感謝秀傳醫療體系的專家們，大家在工作之餘齊心齊力地完成這一本生產完後的照護大全，讓媽媽們在坐月子期間可以安心地調養自己的身體，也能有信心地照護自己的新生寶貝。本書新生兒篇章中的內容，除了推廣正確的新生兒健康知識外，也擴及育兒相關的各面向如：飲食、睡眠、安全、營養、生長發育等。期待能藉由簡單淺白的文字，幫助每一位新手爸媽，在欣喜迎接新生命之後，減少焦慮和負擔，用正確的觀念陪伴孩子健康地成長。

彰化秀傳紀念醫院小兒感染科主治醫師

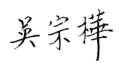

吳宗樺

目錄

PART 1

林坤沂醫師
寫給妳的月子期
身體照護指南

Chapter 1
坐好月子，媽咪需要的三大觀念

Chapter 2
產後媽咪的傷口與身體護理重點

PART 2

楊雅雯營養師・李容妙中醫師

專為妳設計的
500卡享瘦月子餐

Chapter 4
養血又補氣！高鐵高鈣蔬食餐

Chapter 5
產後調理養生！不可不喝湯料理

PART **3**

張簡銘芬臨床心理師
寫給妳的
產後解憂指南

Chapter 1
別小看情緒，當妳感到沮喪時……

Chapter 2
給媽媽的六個放鬆小練習

PART 4

吳宗樺醫師

寫給妳的新生兒
照護重點 Q&A

PART 1

林坤沂醫師

寫給妳的月子期
身體照護指南

產後一個月是媽咪身體的黃金修復期，
一起來了解產後的身體狀態和注意事項吧！

坐好月子，媽咪需要的三大觀念

從孕期到產後，媽咪的身體經歷了非常大的改變，因此，更需要有一段讓身體完整修復的時間，充分的休息也有助於順利泌乳餵哺寶寶。

觀念 1 產後媽咪需要「坐月子」！把握一個月的身體修復期

　　什麼是坐月子？坐月子最早可以追溯至漢朝，也就是說距今已有兩千多年的歷史。就中醫觀點而言，坐月子的目的是把流失的氣血補回來，並且順利泌乳哺育寶寶，同時，還能進行體質調理，改善很多身體原有的小毛病，例如：手腳冰冷、偏頭痛、經痛等等。

　　就西醫觀點來看，會有坐月子這樣的傳統，是因為產婦的身體從孕期到產後經歷了極大的變化。女性從懷孕之後，子宮不斷擴張、壓迫到身體其他器官，而且生產過程中，可說用盡了洪荒之力，陰道擴張，身體也會出血、出汗等，身心都受到極大耗損，而且產後又有餵哺新生兒的重責大任，不論從哪個方面來看，都需要給身體一段復原的時間，這就是坐月子的必要性。透過充分的休息、均衡的飲食、適當的藥補讓體力、筋骨、器官等等，都得以恢復。

　　那麼，坐月子要幾天才夠呢？其實各方定義不盡相同，但就字面上可以瞭解到，至少需要一個月。除了讓媽媽的身體、精神和器官都恢復到原本的狀態，這段期間也要避免長時間活動，並且留意飲食、生活起居、傷口照護等，總之，產後這一個月，請正確地調理身體吧！

產後每個媽咪感覺身體復原的時間不太一定，但建議至少給自己的身體4週的時間好好修復。

觀念 2　了解產後身體變化與應對方法 坐月子輕鬆一半

很多人對坐月子的印象還是「補、補、補」，其實除了飲食，坐月子很重要的還有產後的身體養護，這段期間身體除了進行修復、回到孕前狀態外，還會因為新生命的出現而伴隨其他變化。

有哪些變化呢？從頭到腳來說，媽咪會因為哺餵母乳、泌乳激素提高，影響毛囊的生長週期，因此出現大量落髮的情況；身體會排出孕期儲備的水分，所以大量出汗、發熱；陰道也會斷斷續續排出外觀很接近月經的惡露；許多媽媽因為孕期子宮變大壓迫腸道引發便秘，就衍生了痔瘡問題。最後，因為哺餵母乳的需求，乳房會出現脹痛感，甚至因護理不當導致乳腺發炎，乳房的刺痛感可是會讓媽咪痛到掉眼淚的，且隨著照顧寶寶的時間越來越長，容易因施力位置不正確而引起手部痠痛，這些都是產後媽媽會面臨的身體狀況，不過，了解正確的護理知識，就能讓疼痛和困擾大幅減輕！

至於媽媽們也會在意的其他大小事，從「剖腹產的除疤貼片」到「產後性生活」等等，都與身體變化有關。看到這裡，妳可能會想說，天哪！原來照顧寶寶以外，自己的身體也有那麼多事情要處理！沒錯，就是因為這樣，所以才會說每一位媽媽都很・偉・大。但是，以上這些提醒並不是在恐嚇妳，也不是為了增加妳的煩惱，而是希望妳能更重視自己的身體。透過本章的

內容，妳可以了解對應的解決方法。畢竟成為母親之後，最重要的是先把自己的身體照顧好，才有餘裕處理寶寶的各種狀況，絕對別隨便對待自己辛苦孕育出新生命的身體喔！

觀念 3 坐月子迷思有影某？現代媽咪請發揮判斷力

　　相信不少媽媽從孕期就對「長輩的建議」很有感，那些出自「我是為妳好」的叮嚀，卻常常讓媽咪們倍感困擾，到了產後坐月子期，媽咪們每天在擠奶、換尿布、幫寶寶清潔的輪番轟炸之後，還得因為長輩一句：「不能吹電風扇！」「這個月不可以洗頭！」忍耐身心的不舒服，當然妳內心一定會浮現一百個一萬個：「干安捏？」加上念在婆媳關係、母女關係、親戚朋友關係一場，只好選擇服從，可是，這樣對妳的身體真的是好事嗎？

　　目前沒有直接的證據可以證明，產婦在坐月子期間洗頭、吹電風扇、出門等等，就會對身體產生嚴重的不良影響。那麼，長輩心中根深蒂固的想法到底從哪來呢？這是因為過去醫療技術、衛生觀念都遠遠落後，例如過去還沒有傷口縫合技術時，產後媽媽會被要求把腳夾緊一個月，而且要把門窗也關緊緊，盡量降低感染風險，這就是「產後一個月不能出門」的原因。但就現代而言，我們的醫療水準不僅能把傷口縫合得很好，環境、水源都比過去更清潔與安全。此外，「躺好躺滿」也不是產後媽咪養護身體的原則，像是剖婦產媽咪，在產後第一週稍微走動，反而有助於幫助腸胃蠕動、避免手術後可能的脹氣問題。

　　過去種種「坐月子不可以」的限制，在醫療技術較粗淺的時代也許是合理的，不過時代在變化，身為新一代媽咪，我們的腦袋也要跟著進步，別再被無厘頭的月子習俗給困住啦！

自然產產後一週內，建議以淋浴或擦澡清潔身體；剖腹產媽咪的傷口較大，建議都以擦澡為主。此外，惡露還沒排乾淨以前都不太建議泡澡，會有細菌感染的風險。

Chapter 2

產後媽咪的傷口與身體護理重點

自然產的會陰傷口大多會在產後一週內癒合，剖腹產則需要一到兩週的時間。如果出院後出現傷口明顯腫脹疼痛或大量出血，請儘速就醫。

出院前，所有媽咪都要注意的 5 件事

1. 產後 2 小時內要注意的「血腫」和「大出血」

　　所謂的「傷口血腫」，是指傷口外觀雖然縫合好了，但內部卻發生血管斷裂而出現血腫現象。畢竟生產時，媽媽需要耗費很大的力氣，因為突然用力所產生的壓力，導致肌肉層裡面的血管突然斷裂，就會產生血腫。好比牆壁裡面漏水，但從外觀上，我們可能看不出來裡面的嚴重程度，若在產後 2 小時內，媽媽感覺到傷口異常疼痛、全身發熱，護理人員和醫師一定會去檢查傷口，萬一真的發生血腫，就必須要再次把傷口部位打開後再次重新縫合來緩解。

　　但如果傷口在身體深處，且腫脹嚴重，通常就會以血管栓塞的方式，從股動脈進入，透過血管攝影找到出血點，再把出血點塞住來止住血腫。不過媽媽們不用過度擔心，這種情況的發生機率並不高。

　　另外，產後的異常出血，我們稱「產後大出血」，有九成都是在生完產後 1～2 個小時內

一般狀況下，產後 2 小時內會在恢復室休息。

護理人員會協助確認傷口和子宮的收縮狀況，確認沒有問題。

媽咪移動至病房，產後當天除了上洗手間之外，盡量多躺多休息，可以進食流質食物。

發生，主要是由於產後媽媽的子宮收縮得不好導致持續出血，我們看戲劇裡面常發生的產婦產後過世的情形，大多就是產後大出血所致。

　　所以，為了避免發生產後大出血這樣的憾事，以及讓媽媽的子宮可以順利恢復到產前的大小，我們會在生產完當天，就教媽媽自己如何進行子宮按摩。首先要確切找到子宮，位置大約在肚臍正下方5公分的地方，如果能摸到一顆感覺硬硬的，那就是子宮所在。透過按摩，子宮會越來越硬，這也證明了子宮順利在收縮，所以越來越硬是正常的。而子宮收縮回產前的大小，大約需要6週的時間。

傷口不易癒合的類型

- 有糖尿病史的媽媽
- 體型肥胖的媽媽

2. 產後4小時內要注意的「排尿」

　　產後4小時內需要注意的是排尿的狀況。媽媽可能會發生排尿困難，或者根本沒有尿意。

　　有些媽媽會覺得奇怪，為什麼孩子都生出來了，可是竟然尿不出來？有三個原因，第一個是因為妳怕痛；第二是因為待產時間比較久，導致寶寶的頭部壓迫到妳的神經，神經麻痺後，就會尿不出來；另外就是剖腹產媽咪因為產程有進行半身麻醉，產後當天的雙腳會比較無力，可能難以起身上廁所，不過，無論原因為何，還是儘可能在4小時內去排尿。

　　但如果還是沒有尿液排出，就屬於產後短暫性的膀胱功能失調，如此一來，醫護人員就會為媽媽放置導尿管，幫助媽媽能順利小便，生完當天能安心休息，等到第二天再嘗試到廁所排尿。要特別注意的是，如果持續超過12小時都沒有排尿，就越有可能是膀胱功能已受損。

　　如果產後可以起身去上廁所，請注意生產完當天和隔天，一定要有人跟著妳進廁所，不用擔心「老公跟我進女廁很奇怪」這種事。其實一點都不奇怪，因為媽媽用盡了全力生產，再加上產後會排出惡露，甚至有失血的狀況

等等，身體可說非常虛弱，這時
候去上廁所容易發生低血壓的
狀況。我們就遇過幾次先生在廁
所外面等，結果太太上完廁所後
想站起來，一陣天旋地轉就昏倒

Point

生產完，媽媽要注意！
● 一定要在產後四小時內排尿一次。
● 產後幾次上洗手間請一定要讓人陪
　同，以免產婦因為低血壓昏倒。

了，先生在外面滑手機都不知道，而且這種情況不是一、兩次而已，所以產
後第一、二天，先生一定要陪伴著媽媽，一定要特別注意，很重要！

產後兩天內，媽咪們在上洗手
間時，容易出現低血壓昏倒的
情況，請一定要讓家人陪同進
入廁間。

常看到老公在廁所外面滑手機
滑了很久……

結果媽咪已經在廁所裡昏倒
了！

3.「產後大出血」和「惡露」的辨別

　　前面提到可怕的「產後大出血」，那麼，這種出血和產後媽媽從陰道自
然排出的「惡露」，有什麼差別呢？惡露其實就是產後在媽媽體內殘餘的子
宮內膜等物質，從外觀看跟經血很相似。不過，「產後大出血」和「惡露」
的出血時間點和出血量不同，產後大出血一般在產後2小時內發生，出血量
會達到30分鐘內超過整片衛生棉吸滿血的量；而惡露在產後2天內量也會比
較多，比平常月經來的量再稍微多一點，惡露要全部排乾淨，需要2~6週的
時間，排惡露時，下腹部會感覺到酸酸痛痛的，跟經痛很像，尤其如果是生
第二胎或第三胎以上的媽媽，臨床經驗上，子宮收縮會比第一胎的媽媽更強
烈，所以會覺得下腹部比生第一胎的時候還痛。

容易發生「產後大出血」的類型

- 「有子宮肌瘤」的女性。建議先就診評估是否會影響懷孕，若是，則要在產前先把肌瘤清除，再準備懷孕。

- 產後「半年內又懷孕」的女性。

- 「孕期是妊娠高血壓或糖尿病患者」，可說是各種異常狀況的高危險群。

林醫生真心話

以前的年代，有些媽媽產後大出血會動用軍隊來輸血，因為我老經驗啦，就會知道一些歷史，以前沒有血庫，媽媽假如發生產後大出血，血像水龍頭一樣在流，妳可能會看到有些報導寫著「輸了快20000cc的血」，但是調不到那麼多血的時候，就會打電話到旁邊的軍營，說趕快有O型血的趕快過來，可能就有50個人趕快過來捐血，以前真的會直接出動一連的部隊去捐兩三萬c.c.的血。

不過現在有栓塞、子宮收縮藥等等，就不會出現這種情形了。

過去產後大出血甚至要動用附近軍營的弟兄們來輸血。

4.「惡露」的異常情形

　　如果是惡露有異常，大多是出血量過多。一般惡露大約會排2~6週的時間，剖腹產的女性約3週左右就會排淨，如果惡露排出量沒有逐漸減少，反而越來越多、出現比月經來時還要大團的血塊，或是有明顯腥臭味，就有可能是子宮受到細菌感染，這時不要猶豫，一定要回醫院檢查。

　　檢查時，醫師會先用超音波確認子宮收縮的狀況、出血量、傷口沒有異常，比如是傷口感染嗎？還是子宮收縮問題？或是胎盤殘留在體內？再根據不同狀況做進一步治療。

Check！產後惡露狀態、時間對照表

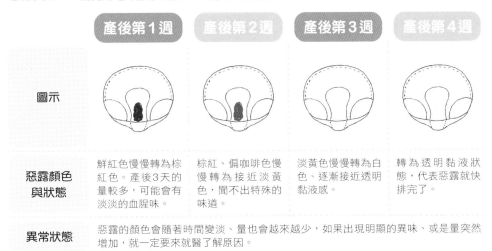

	產後第1週	產後第2週	產後第3週	產後第4週
圖示				
惡露顏色與狀態	鮮紅色慢慢轉為棕紅色。產後3天的量較多，可能會有淡淡的血腥味。	棕紅、偏咖啡色慢慢轉為接近淡黃色，聞不出特殊的味道。	淡黃色慢慢轉為白色、逐漸接近透明黏液感。	轉為透明黏液狀態，代表惡露就快排完了。
異常狀態	惡露的顏色會隨著時間變淡、量也會越來越少，如果出現明顯的異味、或是量突然增加，就一定要來就醫了解原因。			

5.「乳腺炎」的成因、症狀與處理

　　乳腺炎是因為乳汁中的脂肪酸凝結成凝乳塊，並積在乳腺管內造成。會產生紅、腫、熱、痛，媽媽也可能開始發燒，來求診的媽媽們表示乳房硬得像石頭一樣，甚至痛到流淚，非常辛苦。

媽媽的乳房內部是這樣子的

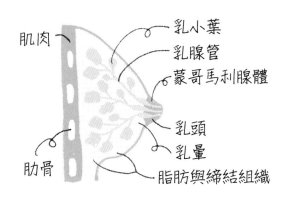

肌肉
乳小葉
乳腺管
蒙哥馬利腺體
乳頭
乳暈
脂肪與締結組織
肋骨

- 乳房的大小和乳汁分泌量無關。
- 乳暈上分布的小突起是「蒙哥馬利腺體」，會分泌油脂維持乳暈及皮膚的健康，還會分泌特殊氣味讓寶寶更快找到乳頭的位置。
- 餵奶前不需要每次都先清洗乳頭，因為過度清潔會讓乳頭變得乾燥、容易受傷，只要在洗澡時用溫水清洗，再輕輕擦拭即可。

乳腺炎的發生，可以歸類為兩大原因，一是媽媽因為產後疲累，疏忽了擠奶的時間，隨著擠奶頻率降低，乳汁沒有排空，導致乳腺沒有疏通而堵塞，發生乳腺炎；一是乳汁很多的媽媽，也很勤勞餵母乳，但是因為媽媽的乳汁會隨著寶寶長大而越來越多，有些媽媽即使一直很勤勞地擠，還是發生堵塞。

每個媽媽引起乳腺炎的狀況不一，但通常是沒有確實做到「排空乳汁」和「乳汁分泌太多」兩種，另外就是避免「吃太油」，有些媽咪因為終於「卸貨」了，會想久違吃一下雞排、薯條啊，結果當晚就乳腺炎發作了。

要預防乳腺炎，除了勤勞餵母乳和擠奶，提醒媽媽們一個小撇步——多吃卵磷脂，但是要吃建議劑量的三倍，假如外包裝寫建議一天服用一顆，那我們就一天吃三顆；說一天兩包，我們就吃六包。卵磷脂的功用就像我們把水加熱就可以輕鬆溶解奶粉一樣，卵磷脂可以讓乳腺塞住的部分通暢，乳汁就會很好推出來。

如果已經發生乳腺炎，可以試著冰敷乳房，避開乳頭跟乳暈，一次大約敷5～10分鐘，但記得一定要先把乳汁擠完再冰敷才有效。如果還是無效，仍然感到非常疼痛，請直接就診婦產科，醫師會檢查乳房內是否有化膿情形，如果有化膿就建議停止餵母乳並服藥治療。

COLUMN

 ## 生完寶寶會不會「變鬆」？可以先請醫生幫我「縫緊一點」？

確實有些診所會動會陰整形手術，我就遇過一些媽媽來求診，說某某醫師說他會做陰道整形手術，但是後來因為陰道口被縫得太小，手術後傷口還會收縮，就縮得更小，結果先生「放不進去」，媽媽就過來我們醫院求助，我們還要想辦法把陰道口再擴大一點點。一般我們不建議進行這個手術，因為性生活不是只有靠緊不緊、小不小，還是兩個人的關係為主；第二個，勤做「凱格爾運動」（見第35頁）會比做陰道整形來得有用，假如還是不滿意，我們會建議產後半年或一年再考慮這件事。

剖腹產媽咪要特別注意的3件事

1. 產後關鍵30分鐘，預防一輩子頭痛

有些麻醉科醫師會要求媽媽在產後至少先平躺半小時，這是有必要的，為了幫助注入麻醉藥的傷口癒合，更進一步預防被稱為「Spinal Headache」的頭痛。這是因為剖腹產在進行半身麻醉前，會先以一根導引針從背後穿到媽媽的脊椎腔裡面，接著才透過導管注入麻藥。

在正常情況下，那個小傷口會自行癒合，但是有些媽媽因為體質的關係，可能會癒合得不完全，結果導致脊髓液從小傷口漏出，因為肉眼幾乎看不出來，所以媽媽很難自己察覺，目前在醫學上還找不到傷口無法順利癒合的原因，不過脊髓液外漏會引發的問題是，從產後的第二天或第三天開始，媽媽只要從床上一坐起來就會開始頭痛，不是脊椎部位疼痛，而是頭痛。

當妳是剖腹產，且產後有不明原因的頭痛，但躺著就會好多了，這就有可能是脊髓液外漏造成的頭痛。

所以如果本身是剖腹產媽媽，在產後住院期間發現有頭痛情況，一定要告知醫師。通常處理方式是請麻醉科醫師評估狀況，請媽媽平躺著休息，然後掛點滴，等傷口自行癒合，假如媽媽的傷口還是癒合得不理想，我們會請麻醉科醫師幫媽媽抽一點自己的血，打進脊椎腔裡面，利用血液中的凝血細胞把傷口補起來，就不至於發生長期性的頭痛。

林醫生小提醒

媽媽如果沒有進一步告知醫師會「頭痛」，就這樣出院了，可能回家以後一、兩個月都睡不好，會以為是因為照顧寶寶的關係沒睡好或是吹到風，以為多補眠就好了。如果沒有追溯到其實是脊髓液漏出所導致，這個情況就會變成無解。所以，當妳產後總感覺莫名其妙頭痛，痛法有點像人家在扯妳的頭髮，一陣一陣抽痛，但是只要躺下來就沒事、一坐起來就痛，一定要把症狀和妳的婦產科醫生說，請醫生來評估並進行妥善的後續處理。

2.「束腹帶」小知識

　　使用束腹帶的時間點是在剖腹產後,媽咪們要翻身或下床前使用。束腹帶主要是給予腹部壓力,避免媽媽活動身體時拉扯到手術的傷口,造成疼痛,連帶也會幫助傷口癒合,還有支撐下垂、鬆弛的腹部肌肉的功能,但是並沒有塑身的功能。其實,媽咪們產後只要有哺乳,身體代謝熱量就會快很多,產後最重要的還是注意子宮收縮狀況、避免產後大出血。另外,也有媽媽會問我剖腹產的傷口在肚子上,那之後要餵奶,會不會很痛?建議只要使用束腹帶,加上U型枕,或者採取「橄欖球式」(見第199頁)來哺乳,就比較不會壓迫到剖腹產傷口,減少疼痛的可能。

束腹帶使用方式

可以請家人或醫護人員協助將束腹帶展開、墊於身體下方。

媽媽從身體兩側拉起束腹帶,確認鬆緊度,約調整至可放進兩根手指的緊度。

最後將束腹帶固定好。

　　使用束腹帶時,媽媽有可能因為束腹帶的材質、纏繞得太緊,或是不斷摩擦到皮膚產生過敏,所以選購束腹帶時,要選擇透氣效果佳的材質,並且調整到適當的鬆緊度。如果還是覺得皮膚癢癢的、甚至起疹子,就把束腹帶包在衣服外面,避免直接跟皮膚接觸,再視情況去皮膚科看診。

　　至於束腹帶的寬度、長度,依個人的體型和需求選擇就可

> **▌Point**
>
> 束腹帶的選擇＆使用
> - 透氣材質為優先
> - 不必24小時綁著,例如睡覺時可以脫下來。
> - 鬆緊度以「腰部能插進兩個指頭的程度」即可,以能固定傷口、感覺舒適為主。

以，網路上常會強調束腹帶同時具有「塑身」功能，建議媽媽們不要抱有太大期待，產後瘦身主要還是靠哺乳消耗的熱量、均衡的飲食和適當的運動較有效。

3. 「除疤貼片」小知識

誰說媽媽生完孩子以後就什麼都不在意了？等待傷口癒合期間，不少媽媽就開始擔心術後疤痕的問題，我也常被問「除疤貼片到底有沒有效？」只能說有拜有保庇，加減有效。現在除疤貼片的品牌很多，有些可以清洗之後重複使用，每片大約2000~4000元；另外就是約一週更換一次的，每片在500元上下，不過都要自費，健保不給付。

至於除疤貼片要從什麼時候開始貼、貼多久呢？我的建議順序是產後第一天先貼水凝膠貼片，目的是幫助傷口癒合，而貼1~2個星期後，傷口都完全癒合了，再開始貼除疤貼片，大概貼3個半月~6個月不等。

林醫生真心話
如果覺得除疤貼片太貴的話……保險不是有實支實付嗎？記得保險公司要選對（等等，這個可以講嗎）。

醫生！除疤貼片有效嗎？

有拜有保庇啦！

令人困擾的「產後宮縮痛」和「關節疼痛」

下腹部疼痛（子宮收縮痛）

產後的腹部疼痛，是因為產後的子宮要慢慢收縮回到產前的大小，在收縮時所引起的疼痛，而且因為收縮的同時，也會從陰道排出我們稱為「惡露」的血液和組織黏液，持續時間約三個禮拜，很接近月經來的感覺。可以請醫院開針對子宮收縮痛的止痛藥，因為一般坊間的止痛藥可能無效。

關節疼痛

發生在產後初期的關節疼痛，大多是肌肉疼痛引起的，大致可以分為兩種，第一是發生在產後初期，因為生產時過度用力，肌肉還處於緊繃狀況而感到疼痛。可進行熱敷，或擦疼痛藥膏，如果都無效，可以吃止痛藥，這種疼痛一般在一週內會自然消失。

如果是發生在產後一個月左右開始，這一種比較讓人困擾的肌肉關節疼痛，也就是各位可能都聽過的「媽媽手」，是因為長時間抱寶寶或哺乳的姿勢影響所造成。建議媽媽們使用 U 型枕（哺乳枕）圈住腹部，取代用手去支撐寶寶，讓寶寶躺在上面再餵奶；或是以躺著餵奶取代坐著，或在抱寶寶時儘量減少單用大拇指施力的時間，就應該可以大大緩解。

舒緩「媽媽手」的手部伸展運動

盤腿坐在瑜珈墊上，挺胸、收腹部。

往前方直直地伸出左手，平舉，手掌朝外、手指指尖朝向地板。

以右手稍稍用力壓住左手掌，慢慢增加壓手掌的力氣，持續10~15秒後換手做一次。兩手先做各5次，明顯感受到手部肌肉放鬆即可。

Chapter 3

產後媽咪的十大高頻率熱問

產假、育嬰假有哪些？產後頭髮狂掉、痔瘡又痛了起來，怎麼辦？產後問題
當然不只這些。現在，有請產科醫生和大腸直腸外科醫生來解答。

產後的大小疑問，全都有解！

Q1 上班族可以申請的生產育兒休假有哪些？

　　照顧寶寶從來就不是媽咪一個人的事，所以不只是媽媽，爸爸也有陪產
假、育嬰假等假別可以向公司提出，現在雙薪家庭非常普遍，產後還得回到
工作崗位的媽咪們，千萬要把握自己的權益！

假別	可請假時間	使用時間點與對象	法條依據
產假	8星期	媽媽於分娩前後提出，受雇滿6個月者發給全薪，6個月以下半薪	勞動基準法
陪產假	5日	媽媽分娩前後，由爸爸提出，發給全薪	
哺乳時間	雇主應每日另給哺乳時間60分鐘	子女未滿2歲，需媽媽或爸爸親自哺乳者，由受僱者提出，不限於哺餵母乳，且哺乳時間視為工作時間	性別工作平等法
育嬰假	至少6個月，至多2年	就業保險年資大於1年的父母雙方，於小孩3歲前提出，前6個月可領六成薪資	
育兒減少工時	每天可減少工時1小時（不給薪）或調整工時	員工30人以上公司，撫育未滿3歲子女的父母雙方皆適用	
家庭照顧假	7日	父母雙方皆適用，無薪	

產後媽咪的真心話

- 惡露在那邊滴滴滴，滴了五個禮拜才結束，想提早回去上班都覺得煩。
- 自然產後兩週才比較恢復到正常狀態，但是傷口偶爾還是會隱隱作痛。

- 我產後兩週就感覺一切正常，但體力好像還沒恢復……
- 下面流惡露，上面又一直脹奶，整個心情煩躁！
- 建議坐月子最少休息 30 天，因為產後除了身體，心理也在一個特殊狀態，後悔當初沒有多請幾天假。

Q2 生產後「狂掉頭髮」，怎麼辦？

生完寶寶後大量掉頭髮的情形大約會持續半年，每天的落髮量可能有懷孕前的四倍那麼多，不過會慢慢改善，最慢在產後一年應該會恢復到孕前的落髮量。

我們的頭髮是從頭皮毛囊長出的，而毛囊的生命週期是「初生期→生長期→衰退期→休止期」不斷循環，產後的大量落髮主要是因為懷孕時，血液中的動情激素濃度升高，延長了頭皮毛囊生長期的壽命，所以掉的頭髮比較少。

但是因為出來混都是要還的，之前要掉的頭髮都沒有掉啊，所以當產後激素濃度大幅下降，處於生長期的毛囊快速進入衰退和休止期，一次在產後半年掉光光，媽媽誤以為自己有嚴重掉髮，但其實是正常的生理現象，大約在產後半年到一年就會通通恢復了這樣子，不必擔心，假如產後一年還是沒有改善，才需要到皮膚科就診。

Q3 懷孕時長了「痔瘡」，產後可以手術處理嗎？

懷孕過程中，因為腹壓逐漸上升，局部血液循環受到影響，加上許多孕媽咪都遭受「便秘」這個大敵，痔瘡就成了很多媽咪說不出的困擾。

痔瘡造成的不適，大概包含異物感、疼痛、搔癢、出血等等；不過，如果是平常養成定時如廁習慣的媽媽，也可能對痔瘡狀況完全無感。然而，月子期間，媽媽們免不了花生豬腳、麻油雞酒這些補品，充滿高蛋白、高油脂，卻常常忘記纖維攝取！纖維過少，就會導致糞便乾硬不易排出，也更容易引發痔瘡。

學理上來說，產後的痔瘡腫脹可以接受手術治療，但臨床上普遍不這麼做。因為自然產媽媽產後會陰傷口痛，而剖腹產媽媽腹部傷口痛，甚至「吃全餐」的媽媽兩個傷口都在痛，這時候再加上餵母乳、照顧寶寶就忙不過來了，如果身上又多了一個痔瘡傷口，媽媽可能真的會崩潰。

生產造成的痔瘡不適，多是組織脫垂和水腫，比較少有出血的情形。痔瘡嚴重脫垂和出血的產婦才需要接受治療，但這個情況非常稀少。現在的痔瘡手術方式多元，術後的生活品質、疼痛程度都大幅改善。可諮詢專業的大腸直腸外科醫師了解適合的方式與照護細節。

 安仁醫師的小提醒

有的媽媽會想要趁產假的時候處理痔瘡，不過痔瘡手術必須等惡露量趨緩、會陰傷口大致恢復，也就是至少產後2週以上，再請直腸科醫師進行手術較佳。

Q4 降低「痔瘡」腫脹不適的好方法？

相信許多媽咪內心都曾出現這個OS：照顧寶寶已經很累了，想輕鬆上個廁所也這麼難！懷孕過程中，因為腹壓逐漸上升，局部血液循環受到影響，加上許多孕媽咪都遭受「便秘」這個大敵，痔瘡就成了很多媽咪說不出的困擾。不過，有幾個減輕不適感的方法，分別是洗澡時採溫水坐浴、使用軟質座墊，或以毛巾捲成圓圈形狀當作椅墊，總之，減少坐著時會陰部的壓力，就會舒服得多。

溫水坐浴主要透過促進血液循環，和藥膏互相搭配，一週左右就可以明顯降低痔瘡的紅、腫、痛感。坐浴的水溫以不燙手為原則，每次進行10分鐘。媽咪們要準備坐浴盆、清潔毛巾、醫師指定藥膏，一天至少進行4次坐浴，尤其解便後和睡前一定要進行坐浴。

步驟如下：

❶ 準備一個臉盆或專用坐浴盆（解便後坐浴，請先清潔患部再開始）
→ ❷ 盆中放入溫水（水量至少超過臀部一半），若擔心會陰傷口，可滴入數滴優碘，水微微變色的程度即可

→ ❸ 浸泡患部10分鐘後，以毛巾或面紙輕柔擦乾或拍乾

→ ❹ 塗抹藥膏（自然產媽咪記得塗抹時避開會陰傷口）。

平常飲食上要多攝取膳食纖維，搭配足夠水分，就能讓便便軟一些，尤其月子期間媽咪多半會喝許多湯湯水水，水分攝取較不需要擔心。至於日後要不要「處理」痔瘡，就看症狀和程度。痔瘡體積膨大後確實不會再縮小，但不一定會有不適症狀，未來症狀會不會惡化，還是取決於媽咪平常怎麼對待它喔！

Point

良好的排便習慣
● 有便意再如廁
● 如廁速度快（放下妳的手機！）
　上完廁所覺得舒暢，不是容易的事喔！

Q5 很怕身材回不去，坐月子的時候可以運動嗎？

許多媽咪可能在產後看到鬆垮的肚皮，不免猶豫是不是要開始運動了？雖然傳統坐月子的觀點給人「產後躺著休息最好」的印象，但其實月子期間是可以運動的，原則上是傷口不痛了再進行。當生產的傷口還會痛時，可以先進行簡單的腹式呼吸來放鬆，或視情況進行簡單的伸展運動。

月子期間媽媽們大概不太方便出門，在家時，可以上網搜尋：「月子運動」或「坐月子 腹部恢復練習」或「月子 凱格爾運動」，就能搜尋到不少影片，一邊看、一邊跟著做，量力而為就可以。

另外提醒媽咪們要穿著彈性好、舒適的衣褲，在通風的空間裡進行。至於有氧和鍛鍊肌力的運動，建議等到身體完全恢復，約產後三個月再進行。實在難以抽空來運動的媽咪，為了自己未來的體態和健康著想，建議在傷口不痛以後，先以早、晚各15分鐘的運動為目標吧！

Q6 竟然一咳嗽就漏尿！預防產後漏尿的「凱格爾運動」怎麼做？

凱格爾運動是以發明它的美國婦產科醫師命名的，是一種收縮尿道、陰道周圍肌肉（統稱為骨盆底肌）的運動，在產後3~5天就可以開始進行。

懷孕的時候因為子宮變大，媽媽的身體會自動分泌讓骨盆腔肌肉以及韌帶放鬆的激素，當骨盆腔被變大的子宮不斷撐開、子宮韌帶也被拉開時，就有骨盆底肌肉鬆弛的危機。

尤其在生完寶寶後，有些媽媽的子宮收縮狀況不理想，更需要做凱格爾運動來幫助陰道恢復緊實，就能避免老後出現子宮脫垂、漏尿的狀況。

凱格爾運動不受場地限制，就算在上班、通勤中也可以順便進行，先不提這個運動是否有助於恢復「性功能」，對於產後媽咪來說，可以預防漏尿這件事，就值得好好確實執行。

使用一個椅腳穩固的椅子，坐滿椅面的1/2，背部挺直，兩膝靠在一起，兩手放在膝蓋上，深吸一口氣。

上半身開始慢慢往前傾，同時收縮骨盆底肌，收縮的感覺按近憋尿的感覺，持續5秒。

接著，吸氣的同時放鬆骨盆底肌，上半身從前傾慢慢回到原本的位置，一天做約20次即可。

凱格爾運動的練習，很接近「中斷排尿」時的感覺，那就是收縮骨盆底肌時的感覺，也就是在小便時，忽然暫停，感受自己用到哪一塊肌肉收縮，記住那個感覺就可以了，但不建議每次都在小便時進行，長久下來會影響膀胱的功能。記得保持身體放鬆，平常坐著、站立時都可以做。

Q7 坐月子期間最好不要出門？

是過去為了避免產後媽咪發生「產褥熱」而採取的作法。產褥熱是過去產婦在產後死亡的主要原因，過去在自然生產後，因為會陰部裂開，以前沒有縫合技術，也沒有預防細菌感染的概念，只知道要求媽媽腳夾緊、夾一個月，當然也就不可能出門。

不過現在傷口縫合技術好、又有提供適當的藥劑給媽媽，只要注意術後的個人衛生，不太會有傷口發炎的問題。

因為懷孕期間子宮變得很大，現在要等子宮慢慢恢復，媽咪產後可以稍微走動，幫助消化。因此，坐月子期間當然是可以出門的，但因為身體還在修復期，視體力的狀況，不要進行長時間活動即可。

Q8 坐月子不准洗頭，不然老了就知道？

古時為了避免媽媽的傷口被細菌感染、發炎，所以會告誡要避免洗澡、洗頭。坐月子期間當然是可以洗澡洗頭的，建議自然產媽媽第一個星期以前二天擦澡，第三天起淋浴的方式；剖腹產媽媽視傷口的情況，第一個星期以擦澡為主。而不管是自然產或剖腹產媽媽，因為傷口癒合的情況還需要多觀察，所以坐月子期間盡量避免泡澡，洗完頭也一定要吹乾，吹乾後才能走出房間外，以中醫的理論而言，是避免風邪入侵身體。

Q9 有了寶寶，先生說我變冷淡了？

我遇到不少媽媽在照顧新生兒期間，因為先生有需求而來詢問我：「這時候可以有性行為嗎？」我們建議爸媽在寶寶滿月之後比較適合有性行為，一方面是剛出院，媽媽產後的傷口可能會有變化，一個月後再發生性行為，傷口比較不會痛、也比較安全。

另一方面是，媽媽在哺乳期間由於荷爾蒙的關係，性慾是下降的，所以會自然產生不想要跟先生「在一起」的感覺，會覺得先生很煩，都是很正常的，也聽過有些媽媽覺得先把寶寶放一邊，跟先生在旁邊「辦事

各位爸比們，和老婆討愛愛之前，請先試著多說幾次：「來，孩子換我抱」吧！

情」，很奇怪啊！媽媽心裡會有一些障礙，想得比較多，就不太想跟先生有性行為這樣，如果是這種情形，我們建議可以先藉故請婆婆或親戚照顧一下寶寶，這樣跟先生才有獨處的時間，心情也會比較自在、放鬆一點。或是我們會先跟媽媽做心理衛教，告訴媽媽有這種「冷淡」的感覺是正常的。

老婆～很久沒有愛愛了耶～ ❶

哼！沒幫忙帶孩子就算了，還來煩老娘！ ❷

哪欸安捏啦?! ❸

嗚嗚嗚～我以後的性福怎麼辦～ ❹

哺乳期的媽媽性慾較低落是正常的，爸爸們就別再自討苦吃，抱抱媽媽和寶寶，也很幸福的。

Q10 產後多久會有月經呢？

產後一個月內從陰道排出的血液稱為「惡露」，並不是月經。而產後的生理期什麼時候來，和媽媽有沒有餵母乳有關，有餵母乳的媽咪，因為體內泌乳激素上升，泌乳激素具有抑制排卵的作用，所以會比較晚來月經，大約在產後2個月~1年之後才來月經都有可能。

另外如果是餵寶寶「部分配方奶、部分母奶」的媽媽，泌乳激素濃度不如全母奶媽媽高，月經會比較早來一點；而餵寶寶「全配方奶」的媽媽，產後約1~2個月月經就會來了。如果產後幾次來的月經量很多，或是一個月來好幾次，明顯和產前不同時，建議媽咪們有疑問都可以就診檢查。

提醒媽媽們，無論產後的第一次月經何時到來，都不代表月經來之前就不用避孕，因為只要有排卵，就有可能懷孕，如果不希望短期又懷孕，就一定要做好避孕措施。另外要特別注意的是，如果在產後不到半年就再度懷孕，母體可能會難以負荷，並且會增加孕期的風險，請媽咪們還是以自己和未來寶寶的身體健康為重。

新手媽咪第一次照顧寶寶會特別辛苦，如果暫時沒有再次「中獎」的打算，記得做好避孕措施！

PART 2

楊雅雯營養師 ・ 李容妙中醫師
專為妳設計的
500卡享瘦月子餐

Chapter 1

現代媽咪月子飲食3原則

吃對全營養、追奶怎麼吃、怎麼把關熱量？
只要能確實瞭解3大原則並且精準執行，就能養好身體，順利哺乳

原則1：吃對全營養！
一天3正餐加2點心修復妳的身體

產後可說是調理體質的關鍵時刻，長輩們千叮嚀萬交代，產後能不能把身體調養好，就要看月子坐得夠不夠周全。比起古代的產婦營養不良，現代人的共通問題大多是營養過剩，尤其在懷孕期間更容易滋補過度，加上坐月子時各方提供的食補，讓原本就無處消耗的熱量，更是順理成章轉化成脂肪後累積在身上。所以，聰明坐月子的方式，應是在接受老祖宗智慧傳承的同時，又能有技巧的攝取月子餐，也就是吃對全營養，在每一餐中均衡吃進蛋白質與高纖蔬食，才能有助於產後順利回復到孕前身材。

全營養，包括：蛋白質、鈣質、鐵質、維生素、脂肪

雖然均衡飲食聽起來沒有什麼特別之處，但對於很多產後的媽媽來說，卻很難做到，因為很可能餐餐都是麻油雞、花生豬腳、或是豬肝湯、麻油腰花等等，吃進去的營養就會非常偏頗，無法確實做到均衡飲食。

那到底什麼是均衡飲食？其實，就是吃對5大營養素，包括：蛋白質、鈣質、鐵質、維生素、脂肪等。

營養1：蛋白質

食物來源：雞、魚、瘦肉、蛋、奶類、黃豆、牛、豬、鴨

足夠的蛋白質對增加乳汁分泌非常重要！特別是新生兒的第一年為快速成長期，而蛋白質是生命物質基礎，也是身體細胞的重要組成成分，因此哺乳的媽媽每日需增加攝取兩份的蛋白質食物。

一份蛋白質食物是多少？例如：牛奶240cc，豬里肌肉、牛腱肉、秋刀魚、鯖魚、一顆全蛋皆為35克，板豆腐80克。

哺乳的媽媽每天要比一般成人或未哺乳者（每天攝取量是50公克）再增加15公克的蛋白質除此之外，一半以上的來源應從高蛋白質食物中獲取，例如雞、魚、瘦肉、蛋、奶類；素食者也可從黃豆、堅果類中攝取。在食用的同時要避免攝取過多油脂，肉品上面的皮或油脂可先去掉；內臟類食物宜少量攝取，可避免膽固醇過量。另外，蛋白質不像脂肪一樣可以儲存在身體裡，所以一次吃得太多，不但會浪費掉還會造成腎臟的負擔。

營養2：鈣質

食物來源：牛奶、乳酪、蝦米、魩仔魚、小魚乾、海藻（如海帶、紫菜、髮菜等）、黑芝麻、黑豆、黃豆、豆乾、莧菜、芥藍菜

鈣質能供應寶寶生長發育的需求，已在成長中的小寶貝每天透過乳汁應當攝入300毫克。一旦媽媽飲食中鈣的攝取量不足時，為了維持乳汁中鈣含量的恆定，媽媽的骨骼會釋出鈣質輸送到奶水中以供孩子需求。

所以為了避免媽媽日後產生骨質疏鬆，每日約需攝取1000毫克。其中牛奶、乳酪、蝦米、魩仔魚、小魚乾、海藻（如海帶、紫菜、髮菜......）都是含鈣豐富的食物，黑芝麻、黑豆、黃豆、豆乾、莧菜、芥藍菜也是很理想的選擇。如果同時攝取維生素C，則能使鈣質吸收效果更好。

營養3：鐵質

食物來源：紅色的肉類、豬肝、鴨血、豬血、豬腰；蘋果、櫻桃、梨、香蕉、龍眼，阿膠、紅毛苔；紅莧菜、紅鳳菜、紫菜、髮菜

尤其在產後第一週，由於氣血耗盡，腑臟功能還沒恢復之際，特別需要補充鐵質。

含鐵的食物主要存在於紅色的肉類，以及豬肝、鴨血等。蘋果、櫻桃、紅莧菜、紅鳳菜、紫菜這些蔬菜，既含鐵也可攝取到維生素。不哺乳的媽媽一天15毫克，餵母奶者則要多增加30毫克的鐵質。

營養4：維生素

在哺乳期，多種維生素的攝取量都需要增加。過去傳統大多認為蔬菜、水果性質較寒有不宜多吃的迷思，但其實都有必要修正。這些食物中豐富的維生素對媽媽及寶寶都很重要，維生素C還有幫助傷口癒合的作用；其他如維生素A、B群、D及菸鹼酸等等，也都能從天然食物裡獲得。

- **維生素A**

有助維護視力健康。動物性食物來源有肝臟、蛋黃、魚類；以及黃綠色蔬菜如紅蘿蔔、地瓜、南瓜、芒果、蘆筍、菠菜、青花菜。一般成年女性每天需要量為500微克，哺乳期要再增加400微克。

- **維生素B₁**

有助穩定情緒抵抗壓力。存在於瘦肉、肝臟、牛奶、蛋黃、穀類、堅果、酵母、麥片中。

- **維生素B₂**

在乳品、蛋及動物內臟中含量十分可觀，植物性食物則可從深綠色蔬菜、糙米、燕麥、全麥製品以及芝麻、核桃、酵母攝取到。

- **維生素C**

有助維持細胞與血管健康。大多存在於綠色蔬菜及黃紅色蔬果中，如芭樂、奇異果、番茄、柑橘類水果、各色彩椒、菠菜、綠花椰中的含量都很不錯，一般成年人應攝取100毫克，哺乳期需另加40毫克。

- **菸鹼酸**

從酵母、麥芽、糙米、魚、瘦肉、蛋、堅果及綠色蔬菜中都可獲得，同時要注意其他維生素B群的攝取，才能順利製造菸鹼酸。

營養5：脂肪

不要看到脂肪就NG。好的脂肪、好的油脂是人體中最重要的營養元素，選擇好油勝過不吃油，適量補充堅果類、選擇低脂肉類且盡量避免油炸，油煎的烹調方式來取得。

原則2：追奶更要吃！
哺乳媽咪最需要補充的是蛋白質

在生產過程中，媽咪們可說是體力耗盡，所以生產後只有滿滿的疲累感，而且腸胃異常虛弱，所以，坐月子時該怎麼吃才能補充生產時所流失的養分？哺乳的媽媽又該怎樣透過營養來分泌足夠的乳汁？其實作法很簡單，除了遵守要從六大類食物中去選擇營養含量豐富的，不一定要大補特補，但要破除一些不必要的飲食禁忌，以免越是限制，越不容易獲得充分的營養。

此外，第一餐應該要以富含蛋白質營養、清淡溫熱且容易消化的半流質食物為主。建議的飲食：雞蛋粥、紅蘿蔔雞絨粥、鮮蚵麵，夏天有紅杏菜，可以跟銀魚一起搭配煮粥，冬天則可以用盛產的菠菜取代。

飲食原則以均衡攝取為基準，但如果計畫哺乳的媽媽，需微調熱量及營養素，來維持媽媽本身的健康與寶寶的正常生長發育；通常我會這樣建議，如果想要增加乳汁分泌，可以在製作豬腳、大骨燉湯之類的湯品時，另外加入一些黃豆、黑豆這類的食材來提供優質蛋白質。沒有要哺乳的媽媽，只要恢復孕前的均衡飲食，不需要特別增加熱量、蛋白質和營養素的攝取。

邊哺乳邊甩肉！3種高蛋白質食物，讓妳補對營養不發胖

到底哺乳媽咪要怎麼選擇高蛋白的食物？推薦以下3種熱量低但蛋白質含量高的食物。

1.無糖豆漿

脂肪含量低卻有豐富的蛋白質的首選食物非無糖豆漿莫屬，既能補充營養又不會產生多餘的熱量，不僅能補足母乳消耗的營養素，對於持續哺乳也有很大的幫助。除了無糖豆漿，低脂牛奶也是不錯的選擇。

2.雞蛋

有著全營養的雞蛋也是絕佳的蛋白質來源，只要配合對的料理方式，避免像是需要大量油脂的烘蛋這類的料理法，對於想要在哺乳期控制熱量的媽咪來說，是能長期食用的優質蛋白質之一。

3.能同時補充水分與蛋白質的肉湯

想要促進乳汁分泌，多喝些湯湯水水是絕對必要的。以雞肉、魚肉、牛肉這類等高蛋白質肉類燉煮成湯品，就能同時補充水分和蛋白質，可說一舉兩得。

順利發奶健康瘦！取決於飲食均衡及總熱量達標

　　除了攝取足夠蛋白質外，哺乳期只要均衡攝取六大類食物，讓身體獲得充足營養，並且讓每天的總熱量達標，想要順利發奶又能健康瘦下來，就比較容易達成。

　　除此之外，親餵、一天能攝取2000c.c.的水分，抓緊時間多多休息，不要讓情緒過於緊繃，多放鬆，也有助於乳汁分泌。

追奶絕對不能錯過的植物性高蛋白清單

　　植物性蛋白質的攝取量，最好占總蛋白質攝取量的65%，另外35%則從動物性蛋白質來補充。全穀物和豆類，可滿足身體對蛋白質和必需胺基酸的需求；而黃豆蛋白更富含卵磷脂，可增加高密度脂蛋白膽固醇（HDL，好的膽固醇），並減少低密度脂蛋白膽固醇（LDL，壞的膽固醇），不僅能避免心血管疾病，更能讓奶量充足。

	每 100 公克的蛋白質含量			
蔬菜類	花椰菜【1.8 克】	蘆筍【2.4 克】	菠菜【2.2 克】	莧菜【2.9 克】
豆類	黃豆【35.6 克】	豌豆【9.1 克】	鷹嘴豆【19.4 克】	毛豆【14.6 克】
穀物堅果類	花生【15.3 克】	南瓜籽【30.4 克】		藜麥【4.4 克】
水果	榴槤【2.6 克】	百香果【2.2 克】	香蕉【1.5 克】	奇異果【1.14 克】

原則3：熱量要把關！
輕鬆享瘦一餐500卡月子餐

產後的媽咪真的很忙，既要坐月子、哺乳，還要看護寶寶，雖說成為媽媽的那一刻是最幸福的時候，但對不少媽咪們而言，卻也得開始面對身材嚴重變形的現實。開始管理身材的產後第一餐該怎麼吃？還有坐月子的一日三餐又該怎麼攝取，身材才能恢復窈窕？媽咪坐月子修補身體的黃金階段千萬不要錯過。

熱量攝取會因媽咪不同的狀況方法也會有所不同

❶ 有餵母乳的需求。有些媽咪因為需要餵母乳，寶寶的營養也經由媽媽才能充分攝取，一般來說，如果有哺乳的媽媽每天乳汁約分泌800~1200毫升，所以為了供應足夠的熱量來幫助泌奶，就必須比一般人增加約500大卡的熱量做為製造乳汁的熱量來源。

❷ 活動強度較大。熱量就要應當再多增加一些。

❸ 新生兒乳量需求增加。小寶寶的乳量需求增加至800c.c.／天以上，則可加至800~1200大卡。

❹ 不哺乳的媽媽。雖不必特別增加熱量或營養素的攝取，但仍要均衡飲食，千萬不要補過頭。

不過，熱量需求會因活動程度、年齡，還有代謝狀況而有所不同。但這也不是說就可以無止盡的大吃大喝，許多媽媽以為坐月子時吃再多也不會胖，其實這是大錯特錯的想法，坐月子最高的飲食原則，應該是多攝取營養價值高但熱量不高的食物，即便是喝水，也要比平常還要多出一半才夠。

至於熱量的消耗跟活動量有關，如果產後整天就是躺著、坐著不動，那些沒有被消耗掉的熱量就會囤積在身上，這也是很多媽媽在坐月子期間持續變胖的主要原因。

每日所需熱量，自己算一算！

生活活動強度	懷孕前體重	每公斤所需熱量	增加	所需總熱量
低		×30 kcal／Kg		
稍低	Kg	×35 kcal／Kg	＋500 kcal	
適度		×40 kcal／Kg		
高		×45kcal／Kg		

範例：產前50 Kg，在產後打算自己哺乳，究竟該攝取多少的熱量，才能應付寶寶並且為自己的健康奠定基礎？

解答：50Kg×30kcal ＋ 500kcal ＝ 2000kcal

生活活動強度要怎麼自我判斷？

生活強度低，大多為靜態活動。像是睡覺、靜臥或悠閒的坐著，比如坐著看書、看電視等等。

稍低的，像是站立這類身體活動程度較低、熱量較少，例如：站著說話、煮飯、開車，或是打電腦。

適度的身體活動程度就是正常速度、熱量消耗一般，像是在捷運或公車上站著、用吸塵器打掃、散步、購物等等。

生活強度高的，也就是身體活動程度比起正常速度更快或激烈，熱量的消耗較多，比如上下樓梯、騎腳踏車，做有氧運動、游泳或是登山等等。

不哺乳的媽咪，又該怎麼吃才對？

　　不準備哺乳的媽媽在營養成分攝取及熱量上，就跟一般成年人需求一樣（可參照【月子期一日飲食建議量】表格）。各大類營養及熱量應平均分配在三餐當中，不要另外攝取過多的食物。

　　很多的月子餐一天除了三餐，還會增加2~3份的點心，其實不是非吃不可，如果真的沒有飢餓感，就沒有額外增加熱量的必要。另外就是婆婆媽媽必備的家傳產後補品「麻油雞」，通常熱量也比較高，所以不用天天吃，以免有熱量攝取過量的問題，而這些多出來的熱量無法像哺乳媽媽，能夠藉著哺乳而被消耗掉，這樣就會堆積在媽媽的肚子、臀部、大腿等等而嚴重影響到身材。

關於生化湯的 Q&A

Q「婆婆叫妳喝，妳不能不喝的生化湯」究竟是什麼？

　　生化湯是一個廣為人知、耳熟能詳的中藥方劑，因其「去瘀且生新」而命名，主要功效是調節子宮收縮，以排除子宮內未剝離的黏膜或血塊，也就是幫助惡露排出，防止細菌感染和血栓的形成，並可幫助子宮回到原來的大小和位置，減少宮縮時的腹痛。

Q 生化湯該喝哪種配方？

在眾多版本中，目前以清朝的傅青主的處方最為流通——當歸八錢、川芎三錢、炮薑五分、炙甘草五分、桃仁十四粒去皮尖，以此為基礎再加減變化藥物的劑量或添加其他藥物。

Q 生化湯什麼時候開始喝才對？

生化湯什麼時候可以開始喝？需要喝多久？一般來講，自然產產婦於產後24小時（先觀察有無大量出血）或第3天才開始服用，可連續服用7~10天，最長不超過兩週；剖腹產產婦於產後排氣後5~7天即可開始服用，連續服用5天，不可超過1週。服用期間皆要注意惡露的排出量及有無造成下腹難以忍受的疼痛。

Q 出現哪些情況就不能再繼續喝生化湯？

第一是「產後有不正常出血、強烈腹痛、便秘或腹瀉、發燒、感冒、惡露黏稠味道不佳」等症狀時，必須尋求合格中醫師另開立處方。且服用生化湯合理天數之後，也必需視產婦康復情形更改配方，不是一湯到底！

第二是生化湯中的當歸，性微溫滑潤，有潤腸的副作用，可能造成「腹瀉」，若是吃了過多的生化湯所致的腹瀉，一般只要停止服用，或者減少當歸的量即可。

第三是如果服用生化湯之後有連續幾日「惡露量大增加」的現象，就必須停止，並查明原因，以免導致嚴重出血。

另外也要提醒媽媽們，如何挑選適合自己的生化湯，是以媽媽的體質及產後身體狀況決定，如果其實不太清楚自己的狀況如何，建議還是詢問合格中醫師才安全！

林醫生真心話

生化湯的效用就是促進子宮收縮，但是產後的第一週我們西醫就已經會開子宮收縮藥給媽媽了，如果媽媽又喝生化湯，兩者加乘，會造成很強烈的子宮收縮，產生腹部非常疼痛的感覺，所以我們會請媽媽們產後一週內先不要喝生化湯。且建議還是要找合格中醫師評估是否適宜服用生化湯

有些媽媽的體質不適合喝生化湯，腹瀉之外，想補的營養全都流失了。

Chapter 2

產後潤腸胃！高纖主食看這邊

五穀雜糧中的穀物類和豆類，含有豐富的非水溶性纖維及水溶性纖維
能增進腸胃蠕動，對身體的調節具有重大作用

富含高纖、高維生素的主食
能增進腸胃蠕動，有效預防產後便秘的發生

　　五穀雜糧主要提供醣類以及纖維質、維生素B群、蛋白質和礦物質等營養素，由於分解、吸收快，可提供人體穩定的熱量來源。這類食材包括大麥、糯米、小麥、蕎麥、小米、玉米、燕麥、薏仁、紫米等等。

　　主食類要符合高纖，也就是膳食纖維的話，就要多吃五穀雜糧這類的食物。膳食纖維是以能不能溶解在水中的特質，分為「非水溶性纖維」和「水溶性纖維」兩大類。一般來說，五穀雜糧中的穀物類和豆類，含有豐富的非水溶性纖維及水溶性纖維；而根莖類以及未去除的麩皮，則含有較多的非水溶性纖維；至於蔬菜、水果等等，則以水溶性纖維居多。

　　由於膳食纖維能增進腸胃蠕動，促進排便、增加糞便體積，還能影響消化道酸鹼值、縮短毒素停留在消化系統的時間，所以，非常有助於維持腸道健康。

　　五穀雜糧除了「高纖」，同時能提供的飽足感，更遠勝於精緻白米，能讓人在不覺中減少熱量的攝取，也可說是控制體重的最佳食材之一。

　　此外，五穀雜糧還含有「高維生素」，尤其是構成「輔酶」的重要成分之一維生素B群，而透過輔酶的代謝機轉，尤其是對於脂肪、蛋白質、碳水化合物的代謝更是滿分，所以主食如能改吃全穀物，搭配足量的蔬果，那麼，腸胃道症狀便能快速得到緩解。

　　除了五穀雜糧，還有提供了優質的植物性蛋白質、膳食纖維和維生素的「豆類」包括紅豆、黃豆、黑豆、花豆、綠豆、毛豆、豌豆等等也是不錯的選擇。

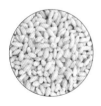    

紫米飯 🍴

蛋白質	脂肪	醣類	膳食纖維	鈣質	鐵質	鋅
3.3	0.8	29.6	0.8	2.8	0.3	0.6

熱量
140
Kcal

一餐
建議搭配

P67
150 卡

P123
101.8 卡

P155
108.2 卡

材料
白米	20克
紫米	20克

作法

❶ 將量好的白米與紫米一起放入電鍋內鍋後，以清水洗淨。

❷ 移入電鍋中，外鍋放1杯水，煮至開關跳起即可。

49

黑豆飯 🍴

熱量	蛋白質	脂肪	醣類	膳食纖維	鈣質	鐵質	鋅
143 Kcal	7.1	1.8	23.0	4.6	36.3	1.4	1.1

一餐
建議搭配

190.5 卡 P75

92 卡 P122

72.5 卡 P157

材料

黑豆	20克
白米	30克

作法

❶ 將量好的黑豆洗淨，浸泡1小時與白米一起放入電鍋內鍋洗淨，加入適量的水。

❷ 移入電鍋中，外鍋放1杯水，煮至開關跳起即可。

地瓜糙米飯 🍴

蛋白質	脂肪	醣類	膳食纖維	鈣質	鐵質	鋅
2.5	0.7	28.5	1.9	13.1	0.4	0.6

熱量
72.2
Kcal

一餐
建議搭配

P72
307.5 卡

P105
65 卡

P153
55 卡

材料
去皮地瓜　20克
糙米　　　30克

作法

❶ 將去皮地瓜切小塊與洗淨白米一起放入電鍋內鍋，加水。

❷ 移入電鍋中，外鍋放1杯水，煮至開關跳起即可。

玉米飯 🍴

熱量 68.2 Kcal

蛋白質	脂肪	醣類	膳食纖維	鈣質	鐵質	鋅
2.7	0.5	28.6	1.4	7.6	0.2	0.6

一餐建議搭配

P82
298 卡

P103
38.5 卡

P134
87.8 卡

材料
玉米粒、
紅蘿蔔丁 各20克
白米　　　30克

作法
❶ 將量好的玉米粒與洗好的白米、紅蘿蔔丁一起放入電鍋內鍋，加入適量的水。

❷ 移入電鍋中，外鍋放1杯水，煮至開關跳起即可。

熱量
166.3
Kcal

香椿飯

蛋白質	脂肪	醣類	膳食纖維	鈣質	鐵質	鋅
3.4	3.5	30.8	2.1	13.1	0.6	0.8

一餐
建議搭配

P77
167.5 卡

P121
50.4 卡

P154
110 卡

材料

糙米	40克
香椿醬	5克

作法

❶ 將量好的糙米洗淨後再放入電鍋內鍋，加適量的水。

❷ 移入電鍋中，外鍋放1杯水，煮至開關跳起，拌入香椿醬即可。

熱量
124.2
Kcal

黃豆飯 🍴

蛋白質	脂肪	醣類	膳食纖維	鈣質	鐵質	鋅
10.0	6.1	31.1	3.8	114.3	1.9	1.3

一餐
建議搭配

128.6 卡
P70

70 卡
P104

173.9 卡
P143

 材料

白米	30克
黃豆	20克
黑芝麻	5克

 作法

❶ 黃豆洗淨,浸泡1小時,把水倒掉,白米洗淨,一起放入電鍋內鍋,加水。

❷ 移入電鍋中,外鍋放1杯水,煮至開關跳拌入黑芝麻即可。

菇菇飯 🍴

熱量
51.7
Kcal

蛋白質	脂肪	醣類	膳食纖維	鈣質	鐵質	鋅
2.6	0.2	24.5	0.6	1.9	0.2	0.6

一餐
建議搭配

P91
320.9 卡

P116
62.3 卡

P144
61 卡

材料
白米　　30克
鴻喜菇　20克

作法
❶ 鴻喜菇切除根部與量好的白米一起洗淨，放入電鍋內鍋，加入適量的水。

❷ 移入電鍋中，外鍋放1杯水，煮全開關跳起即可。

栗子飯 🍴

熱量 116.7 Kcal	蛋白質 2.7	脂肪 0.3	醣類 31.2	膳食纖維 1.9	鈣質 6.5	鐵質 0.3	鋅 0.6

一餐
建議搭配

150 卡 P65

156.5 卡 P119

72.5 卡 P157

材料
白米　　　 30克
去殼栗子　 20克

作法
❶ 栗子與量好的白米一起洗淨，放入電鍋內鍋，加入適量的水。
❷ 移入電鍋中，外鍋放1杯水，煮至開關跳起即可。

熱量 194.2 Kcal

山藥銀魚粥 🍴

蛋白質	脂肪	醣類	膳食纖維	鈣質	鐵質	鋅
8.9	0.5	36.5	1.3	83.3	0.8	1.3

一餐建議搭配

87 卡 P74

95.4 卡 P114

106.7 卡 P155

材料

魩仔魚	20克
去皮山藥	60克
白飯	60克

鹽、蔥末、紅蘿蔔末 各少許

作法

❶ 去皮山藥切成小塊，與魩仔魚、白飯、紅蘿蔔末一起放入內鍋中，加入適量的水，蓋過食材。

❷ 移入電鍋中，外鍋放1杯水，煮至開關跳起，撒上蔥末後加鹽調味即可。

香菇山藥肉粥 🍴

熱量
298.1
Kcal

蛋白質	脂肪	醣類	膳食纖維	鈣質	鐵質	鋅
18.9	9.1	40.4	2.1	17.3	1.5	2.7

一餐
建議搭配

P81
84.5 卡

P103
38.5 卡

P134
87.8 卡

材料

去皮山藥	25克
紅蔥頭末	1小匙
香菇丁	25克
里肌肉末	70克
紅蘿蔔末	10克
芹菜末	10克
白飯	80克
鹽	適量

作法

❶ 去皮山藥切成小塊；紅蔥頭末與香菇丁、紅蘿蔔末用少許的油炒香，再倒入電鍋內鍋中。

❷ 加入山藥、里肌肉末、白飯及適量的水，蓋過食材。移入電鍋中，外鍋放1杯水，煮至開關跳起撒上芹菜末及調味料即可。

牛肉米粥 🍴

熱量 247 Kcal

蛋白質	脂肪	醣類	膳食纖維	鈣質	鐵質	鋅
13.7	9.4	34.8	1.5	61.0	2.8	2.6

一餐
建議搭配

96.1卡 P73

67.9卡 P109

87.9卡 P147

材料

牛絞肉	35克
白飯	80克
市售大骨湯	300cc
綠色蔬菜末	50克
雞蛋	1/2顆
薑絲、蔥末各5克	
鹽、白胡椒	
	各少許

作法

❶ 牛絞肉、薑絲用少許油炒香，倒入電鍋內鍋中，加入白飯、及大骨湯食材。

❷ 移入電鍋中，外鍋放1杯水，煮至開關跳起，拌入蔬菜末、打入雞雞蛋，撒上蔥末加入調味料拌勻即可。

麻油麵線 🥄🍴

熱量 392 Kcal

蛋白質	脂肪	醣類	膳食纖維	鈣質	鐵質	鋅
11.8	6.5	72.7	2.6	23.0	1.2	0.2

一餐
建議搭配

P103
38.5 卡

P144
61 卡

材料

白麵線	100克
麻油	1小匙
蔥絲	少許
鹽	少許
胡椒粉	少許

作法

❶ 鍋中倒入適量的水煮滾，放入白麵線，攪散後約煮50秒。

❷ 撈出後加入其他材料拌勻即可。

熱量
205.1
Kcal

海鮮麵 🍴

蛋白質	脂肪	醣類	膳食纖維	鈣質	鐵質	鋅
13.7	2.6	41.2	1.7	29.5	1.6	2.7

一餐
建議搭配

P90

128.6 卡

P115

70 卡

P133

85 卡

材料

高湯	300cc
熟麵條	120克

蚵仔、蝦子、
花枝條、新鮮香
菇片、紅蘿蔔絲
各15克
蔥末　　　5克
醬油,鹽　適量

作法

❶ 鍋中倒入高湯煮滾，放入熟麵條略燙，放入碗中備用。

❷ 再加入所有材料煮熟，加入調味料煮滾後，撈出後加在麵條上即可。

61

炒三鮮麵 🍴

熱量
284.7
Kcal

蛋白質	脂肪	醣類	膳食纖維	鈣質	鐵質	鋅
13.0	12.8	40.3	1.3	55.3	2.6	1.2

一餐
建議搭配

P92
100 卡

P116
62.3 卡

P154
55 卡

材料

透抽、蝦仁、蛤蜊	各20克
紅蘿蔔絲、高麗菜絲	各10克
蔥段、薑片、香菇絲	各5克
香油	10克
米酒、糖	各5克
熟麵條	120克
白胡椒、醬油、鹽	各少許

作法

❶ 透抽切大塊後切出花紋；蝦仁去腸泥、背部劃一刀；鍋中倒入1小匙油爆香薑片、蔥段，放入熟麵條之外的所有食材並倒入1杯水煮滾。

❷ 放入熟麵條再加入所有調味料拌勻後即可撈出。

地瓜煎餅

熱量 144.8 Kcal

蛋白質	脂肪	醣類	膳食纖維	鈣質	鐵質	鋅
2.1	5.7	29.8	2.7	37.7	0.5	0.3

一餐
建議搭配

P94
114.6 卡

P107
70 卡

P138
165 卡

材料
紫心地瓜
黃地瓜　　各50克
燕麥片　　　5克
水　　　　30cc

作法

❶ 將地瓜洗淨，去皮，切片，放入電鍋中蒸熟後取出壓碎，再加入燕麥片及水拌勻後塑型。

❷ 放入平底鍋中，煎至兩面金黃即可取出。

Chapter 3

追奶更要吃！高蛋白主菜全攻略

想要哺乳的媽咪，絕對不能錯過富含高蛋白的主菜
這個單元，為您推薦魚、肉、蛋、豆的優質菜單

肉、魚、蛋、豆這些富含高蛋白的主菜
是哺乳需增加500大卡的首選食材

　　生完後馬上就能甩掉孕期所累積在身上的贅肉，相信是每位媽咪都想要達成的目標。但很多人會因為想要哺乳，而要哺乳不外乎就是以增加熱量、吃對發奶食物以及補充營養三個方向來進行，很多媽咪大多會選擇提高熱量，結果就是瘦身效果不佳收場。但其實「哺乳」、「減重」這兩件事是可以並行的，關鍵在於選對食物，如此一來對於想要減重的媽咪，也能同時提供給寶寶所需營養。

　　哺乳期一天要多增加500大卡的熱量，或許很多媽咪也都知道，每天只要多吃一盤蚵仔煎、多吃一籠小籠包就超標了。所以重點在於妳真的吃對了嗎？如果每天吃的都是傳統坐月子時餐餐必備助發奶的麻油雞、花生豬腳這類熱量超高的高油脂食物，持續一個月吃下來，不要說減重了，恐怕只會加快肥肉上身的速度，所以千萬不要補錯了。

　　專家建議，成年人每日每公斤需攝取1公克的蛋白質，換言之，以65公斤的成年人來說，一天需要攝取大約65公克的蛋白質，如果是哺乳中的媽咪，還需酌量增加。母乳的主要成分就是蛋白質，所以大家要先瞭解想要讓乳汁的營養成分有效提高，還是要回歸到多多攝取高蛋白食物，而不是高油脂的食物，唯有吃對發奶食物才能有效提高奶量，以下為介紹優質蛋白質的絕佳攝取清單。

椒鹽鱈魚 🍴

蛋白質	脂肪	醣類	膳食纖維	鈣質	鐵質	鋅
10.2	6.7	2.7	0	4.6	0.1	0.4

一餐
建議搭配

P55
51.7 卡

P123
101.8 卡

P137
188.9 卡

材料

鱈魚一片 約70克
油 1小匙
胡椒鹽 少許
金桔、香蜂草
少許

作法

① 鱈魚洗淨，將兩面的水擦乾。

② 鍋中倒入油燒熱，放入鱈魚片先將一面煎熟，翻面後再將另一面煎熟，即可取出，撒上胡椒鹽調味，最後擠上金桔放上香蜂草即可。

熱量
155
Kcal

香煎鯖魚 🍴

蛋白質	脂肪	醣類	膳食纖維	鈣質	鐵質	鋅
10.1	32.6	0.1	0	4.6	1.0	0.7

一餐
建議搭配

P52
68.2 卡

P124
106.3 卡

P138
165 卡

材料

鯖魚	70克
油	1小匙
胡椒鹽	少許
檸檬	1/8個

作法

❶ 鍋中倒入油燒熱，鯖魚放入鍋中，先將一面煎至金黃後翻面。

❷ 另一面也煎至金黃上色熟透即可起鍋。有些鯖魚本身已有鹹味，調味上可以斟酌，最後擠上檸檬。

糖醋鮭魚 🍴

熱量
210
Kcal

蛋白質	脂肪	醣類	膳食纖維	鈣質	鐵質	鋅
17.5	9.3	6.6	0.7	11.3	0.2	0.9

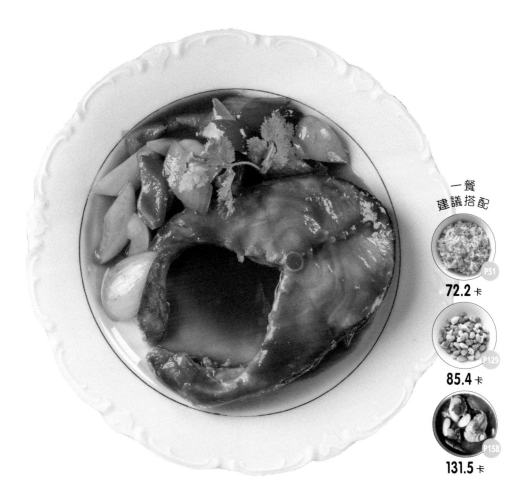

一餐
建議搭配

72.2 卡 P51

85.4 卡 P129

131.5 卡 P158

材料

鮭魚	70克
油	1小匙

紅、黃甜椒片、
洋蔥片、番茄醬
　　　　各1大匙
醋、糖 各1/2大匙
水　　　　50c.c.

作法

❶ 鍋中油燒熱，放入鮭魚，先將一面煎上色，翻面續煎上色即可取出。

❷ 爆香洋蔥片，放入番茄醬、醋、糖、水煮滾，再放入鮭魚片、紅黃甜椒一起煮熟，即可撈出盛盤。

熱量 215 Kcal

醬燒鮭魚 🍴

蛋白質	脂肪	醣類	膳食纖維	鈣質	鐵質	鋅
18.3	9.2	2.5	0.1	11.9	0.4	0.8

一餐
建議搭配

116.7 卡 P56

58.7 卡 P111

110 卡 P154

材料
鮭魚塊	70克
油、糖、蔥絲、	
辣椒、蒜片	
	各1小匙
醬油	1大匙
水	50c.c.

作法

❶ 鍋中油燒熱，放入鮭魚塊兩面煎至上色即可取出。

❷ 放入糖、醬油、水、辣椒、蒜片一起煮滾，再放入鮭魚塊煮熟，即可盛盤後撒上蔥絲。

椒鹽鮭魚

熱量 195 Kcal

蛋白質	脂肪	醣類	膳食纖維	鈣質	鐵質	鋅
17.2	9.2	2.6	0.2	17.0	0.3	0.8

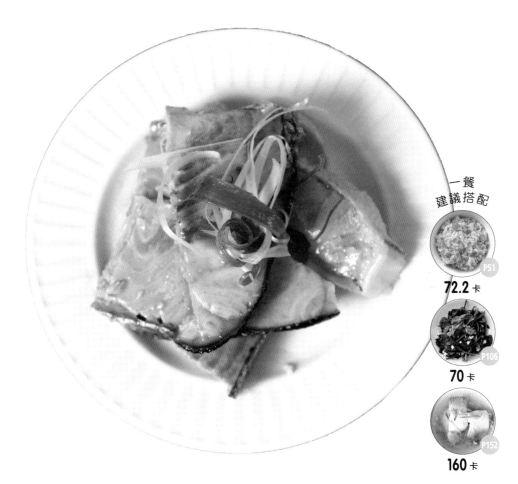

一餐
建議搭配

P51
72.2 卡

P106
70 卡

P152
160 卡

材料
鮭魚　　　70克
油　　　　1小匙
蔥絲、鹽、白胡椒
　　　　　各少許

作法
❶ 鍋中放入油燒熱。
❷ 放入鮭魚片先將一面煎熟，翻面繼續煎熟後，加上調味料、蔥絲即完成。

<table>
<tr><td>熱量
120
Kcal</td></tr>
</table>

清蒸甘甜鱈魚

蛋白質	脂肪	醣類	膳食纖維	鈣質	鐵質	鋅
12.1	2.0	4.2	0.1	11.1	0.3	0.4

一餐
建議搭配

116.7 卡 (P56)

110.4 卡 (P125)

150 卡 (P149)

材料
鱈魚片　　　80克
薑片、破布子
〈樹子〉　各5克
蔥絲、醬油
　　　　各適量

作法

❶ 盤中先放入薑片，再放上鱈魚片、破布子、醬油。

❷ 可以直接放入電鍋，或放入蒸鍋中蒸熟即可取出，撒上蔥絲。

鱈魚蒸豆腐 🍴

蛋白質	脂肪	醣類	膳食纖維	鈣質	鐵質	鋅
7.5	6.9	3.2	0.4	13.4	0.8	0.5

熱量
183.8
Kcal

Ch3

追奶更要吃！高蛋白主菜全攻略

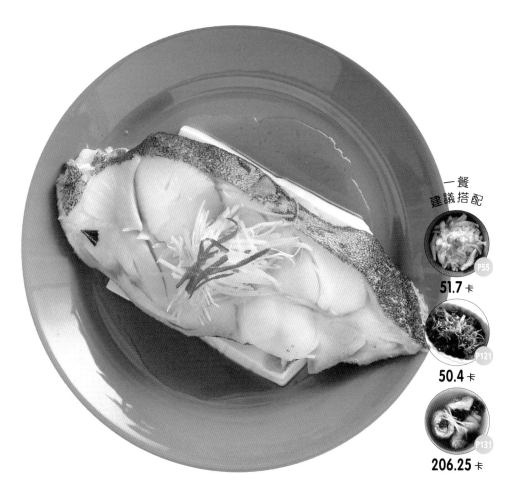

一餐
建議搭配

P55
51.7 卡

P121
50.4 卡

P131
206.25 卡

材料

鱈魚片	50克
豆腐片	40克
薑絲	適量
辣椒絲	適量
醬油、米酒、	
糖、香油	各5克

作法

① 盤中先放入一半薑絲，再放上豆腐片、鱈魚片、醬油。

② 可以直接放入電鍋，或放入蒸鍋中蒸熟，放上剩餘的薑絲及紅辣椒絲即可。

熱量 307.5 Kcal

香煎秋刀魚 🍴

蛋白質	脂肪	醣類	膳食纖維	鈣質	鐵質	鋅
14.2	26.1	0.8	0.5	11.5	0.9	0.6

一餐
建議搭配

P55
51.7 卡

P129
85.4 卡

P153
55 卡

材料

秋刀魚段	70克
油	1小匙
鹽	少許
白芝麻	5克
檸檬	適量

作法

❶ 鍋中倒入油燒熱,放入秋刀魚,先將一面煎熟。

❷ 翻面續煎至熟,撒上鹽、白芝麻,再擠上檸檬汁即完成。

熱量
96.1
Kcal

醬燒魚片 🍴

蛋白質	脂肪	醣類	膳食纖維	鈣質	鐵質	鋅
11.9	6.9	7.7	2.1	15.6	0.9	1.1

一餐
建議搭配

140 卡　P49

70 卡　P106

187.5 卡　P150

材料
鯛魚魚片	50克
新鮮香菇	50克

蘆筍段、薑絲
　　　　　　適量
油　　　　1小匙
醬油、糖　適量
樹子、太白粉、
白胡椒粉　少許

作法

❶ 新鮮香菇洗淨備用。白肉魚片洗淨兩面均勻沾裹太白粉，放入鍋中煎至兩面金黃，取出備用。

❷ 鍋中倒入1小匙的油燒熱，爆香薑絲，放入香菇、醬油、魚片、樹子，並倒入適量的水蓋過食材，以大火煮滾，改中火煮熟，加入蘆筍段煮熟撒上白胡椒粉即可。

熱量
87
Kcal

清蒸甜蝦

蛋白質	脂肪	醣類	膳食纖維	鈣質	鐵質	鋅
24.9	0.8	1.7	0.2	17.0	0.6	1.9

一餐
建議搭配

P103
38.5 卡

P128
78.3 卡

P141
292.6 卡

材料
白蝦　　　　5隻
蔥段、蔥末
　　　　各適量
胡椒鹽　各少許

作法

❶ 盤中先放入蔥段，再放上蝦子。

❷ 可以直接放入電鍋，外鍋加半杯水，或放入蒸鍋中蒸熟（大約6分鐘），取出後撒上胡椒鹽、蔥末即完成。

糖醋蝦

熱量 190.5 Kcal

蛋白質	脂肪	醣類	膳食纖維	鈣質	鐵質	鋅
39.9	6.3	5.5	0.4	21.8	0.9	3.1

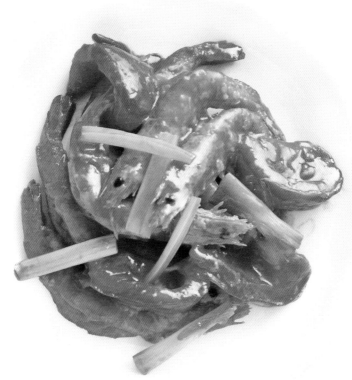

一餐建議搭配

P55
51.7 卡

P107
70 卡

P145
173.9 卡

材料

白蝦	8隻
蔥段	10克
蒜片	適量
油	1小匙
糖、白醋、水、番茄醬	各10克

作法

1. 蝦子挑除腸泥洗淨備用。

2. 鍋中倒入1小匙的油燒熱，放入蔥段、蒜片爆香，加入蝦子炒至變色，再加入所有調味料，煮至蝦子熟成，即可盛盤。

75

熱量
248.3
Kcal

宮保雞丁 🍴

蛋白質	脂肪	醣類	膳食纖維	鈣質	鐵質	鋅
19.6	11.7	5.6	1.1	23.6	1.2	1.1

一餐建議搭配

P55
51.7 卡

P116
62.3 卡

P147
87.9 卡

材料

雞胸肉丁	60克
花生粒	13克
蔥段	10克
乾辣椒	10克
烏醋、米酒	各5c.c.
醬油、糖	各15克
醬油	15c.c.
太白粉	5克

作法

❶ 雞胸肉丁先用米酒、醬油、太白粉抓醃，靜置30分鐘。

❷ 鍋中倒入油燒熱，放入蒜頭、蔥段炒至香味逸出，倒入雞丁炒至變色，加入所有調味料炒熟即可撈出，最後撒上花生粒即完成，不吃辣的媽咪乾辣椒可省略。

熱量 167.5 Kcal

彩椒雞丁

蛋白質	脂肪	醣類	膳食纖維	鈣質	鐵質	鋅
11.8	10.4	3.0	0.8	12.4	0.8	1.3

一餐建議搭配

116.7 卡　P56

78.3 卡　P128

131.5 卡　P158

材料

去骨雞腿肉丁　60克
紅椒丁、黃椒丁、
西洋芹段 各15克
油　　　　1小匙
蒜頭　　　　適量
米酒、醬油　少許
太白粉、鹽　少許

作法

❶ 去骨雞腿肉丁先用米酒、醬油、太白粉抓醃，靜置30分鐘。

❷ 鍋中倒入油燒熱，放入蒜頭炒至香味逸出，倒入雞肉丁炒至變色，加入紅椒、黃椒、西洋芹段炒熟即可。

芋頭燒雞 🍴

	熱量 225 Kcal	蛋白質 16.7	脂肪 14.9	醣類 15.5	膳食纖維 1.8	鈣質 39.2	鐵質 1.9	鋅 2.6

一餐
建議搭配

P52
68.2 卡

P124
106.3 卡

P144
61 卡

材料

材料	用量
土雞塊	80克
去皮芋頭片	55克
蒜片	10克
蔥段	15克
油	1小匙
醬油、鹽	各少許

作法

❶ 鍋中倒入1小匙油燒熱，放入薑片、蒜片爆出香氣，加入雞腿塊炒至變色。

❷ 倒入醬油、鹽、去皮芋頭塊、蔥段，並加入適量的水蓋過食材大火煮滾，轉中小火約煮20分鐘至芋頭塊熟透，即可盛盤。

熱量
130
Kcal

香滷雞腿

蛋白質	脂肪	醣類	膳食纖維	鈣質	鐵質	鋅
14.9	13.4	1.3	0.3	25.2	1.8	1.6

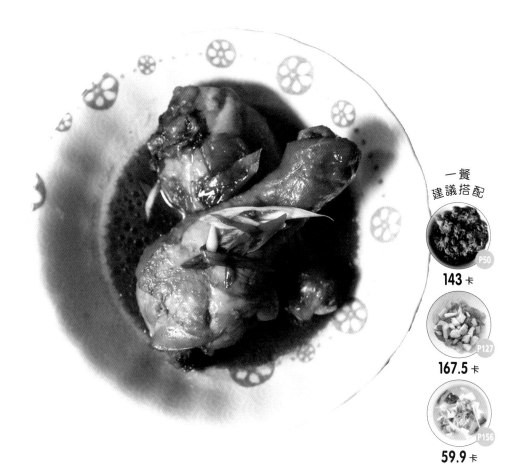

一餐
建議搭配

143 卡 P50

167.5 卡 P127

59.9 卡 P156

材料

薑片	5片
青蔥段	5克
雞腿	80克
八角	2個
冰糖	適量
醬油	適量

作法

❶ 鍋中倒入1小匙油燒熱，放入薑片、蔥段炒至香味逸出，放入雞腿，以中火煎至兩面金黃。

❷ 加入八角、所有調味料及適量的水蓋過食材，以中火煮到入味熟透即完成。

熱量
170
Kcal

香烤雞翅 🍴

蛋白質	脂肪	醣類	膳食纖維	鈣質	鐵質	鋅
15.7	13.5	2.5	0.1	12.6	0.9	1.3

一餐
建議搭配

P52
68.2 卡

P118
87.5 卡

P151
162.5 卡

材料
二節翅　　　80克
蔥段、八角、
辣椒、月桂葉
　　　　　各適量
醬油　　　1大匙
糖　　　　　5克
胡椒　　　　少許

作法

❶ 將二節翅洗淨，放入所有材料及調味料靜置30分鐘。

❷ 烤箱以190~200℃預熱10分鐘，放入雞翅，烤15~20分鐘至熟即可。

熱量
84.5
Kcal

清蒸雞腿排

蛋白質	脂肪	醣類	膳食纖維	鈣質	鐵質	鋅
11.5	5.3	1.9	0.6	14.9	0.9	1.2

一餐
建議搭配

P53
166.3 卡

P129
85.4 卡

P152
160 卡

材料

去骨雞腿排1/2塊
　　　　　約60克
蘿蔓葉　　　2片
蒜片、薑片
　　　　　各少許
裝飾小番茄　1個
鹽　　　　　少許

作法

❶ 蘿蔓葉、番茄均洗淨後備用。

❷ 去骨雞腿排切大塊，上面鋪上蒜片、薑片，放入電鍋內鍋中，外鍋倒入1杯水，直接放入電鍋蒸熟，加上調味料，取出後放入蘿蔓葉及小番茄即完成。

81

熱量 298 Kcal

咖哩豬 🍴

蛋白質	脂肪	醣類	膳食纖維	鈣質	鐵質	鋅
13.5	21.4	7.6	1.2	36.4	0.9	1.9

一餐
建議搭配

P128
78.8 卡

P52
68.2 卡

P153
55 卡

材料

豬小排（豬肉塊）
　　　　　　70克
洋蔥塊　　　30克
去皮馬鈴薯塊、
紅蘿蔔塊 各20克
切碎咖哩塊　適量
油　　　　1小匙
鹽　　　　少許

作法

❶ 鍋中倒入油燒熱，放入洗淨的豬小排煎至兩面上色。

❷ 加入洋蔥塊、馬鈴薯、紅蘿蔔一起拌炒一下，加入所有調味料及適量的水蓋過食材，以中火煮熟即完成。

熱量 185 Kcal

洋蔥里肌 🍴

蛋白質	脂肪	醣類	膳食纖維	鈣質	鐵質	鋅
15.5	8.8	6.6	0.4	19.3	1.4	1.6

一餐
建議搭配

72.2 卡 P51

92 卡 P122

150 卡 P149

 材料

豬里肌肉條 70克
洋蔥片、蔥段、
辣椒段　　各10克
油　　　　1小匙
醬油、蒜末、
地瓜粉　　　1匙
黑胡椒鹽　1小匙

 作法

❶ 豬里肌肉條先用醬油、蒜末、地瓜粉抓醃後靜置30分鐘。

❷ 鍋中倒入油燒熱，放入洋蔥片、蔥段、辣椒段炒至香味逸出，倒入里肌肉條炒至變色，加入黑胡椒鹽炒熟即完成。

熱量 164.5 Kcal

醬汁燒肉 🍴

蛋白質	脂肪	醣類	膳食纖維	鈣質	鐵質	鋅
17.6	9.4	3.7	0.4	10.9	1.3	1.9

一餐
建議搭配

72.2 卡 P51

65 卡 P105

187.5 卡 P150

材料
豬里肌肉片
　　　　80公克
洋蔥絲　　1/4個
黑胡椒粒　1小匙
醬油、糖、米酒
　　　　各1小匙

作法

❶ 豬里肌肉洗淨後先以醬油、糖、米酒醃約 20分鐘。

❷ 鍋中倒入1小匙的油燒熱，放入洋蔥拌炒 一下，再放入肉片及適量的水、黑胡椒粒 燒煮至熟即完成。

熱量
311.2
Kcal

紅燒豬小排 🍴

蛋白質	脂肪	醣類	膳食纖維	鈣質	鐵質	鋅
20.1	29.2	4.4	0.4	37.6	1.9	2.6

一餐
建議搭配

P52
68.2 卡

P116
62.3 卡

P156
59.9 卡

材料

蒜苗	1支
豬小排	100克
油	1小匙
蠔油	10c.c.
豆瓣醬	10c.c.
米酒	5c.c.
糖	少許

作法

❶ 蒜苗洗淨後切成斜片。

❷ 鍋中倒入1小匙的油，以中火加熱，放入豬小排，煎到兩面上色，再加入所有調味料及1大匙的水燒煮至醬汁收稠，撒上蒜苗片，即可盛盤。

醬炒肉絲 🥄🍴

熱量 **301** Kcal

蛋白質	脂肪	醣類	膳食纖維	鈣質	鐵質	鋅
18.1	17.4	14.7	0.7	22.3	1.7	2.3

一餐
建議搭配

51.7 卡 P55

70 卡 P113

61 卡 P144

材料

梅花肉絲	70公克
小黃瓜絲	20克
蒜苗絲	10克
甜麵醬、醬油膏	各1/2大匙
水	1.5大匙
醬油、米酒	各1/2大匙
全蛋液	1/2個
玉米粉	10公克

作法

❶ 梅花肉絲加入醬油、米酒、全蛋液、玉米粉醃15分鐘。

❷ 鍋中倒1匙油燒熱，放入肉絲炒熟，加入調味料及水煮到收稠，放入鋪入小黃瓜絲的盤中，再撒上蒜苗絲即可。

青椒炒肉絲 🍴

熱量 285 Kcal

蛋白質	脂肪	醣類	膳食纖維	鈣質	鐵質	鋅
17.0	17.4	2.4	0.8	17.2	1.4	2.3

一餐建議搭配

P55 **51.7** 卡

P103 **38.5** 卡

P154 **110** 卡

材料

梅花肉絲	70克
青椒絲	20克
紅椒絲	10克
蒜頭片	1小匙
鹽、胡椒粉	各1/4小匙
全蛋液	1/2顆
玉米粉	1小匙

作法

❶ 梅花肉絲放入容器裡，加入鹽、胡椒粉、全蛋液、玉米粉抓拌後醃20分鐘。

❷ 鍋中倒入1匙的油燒熱，爆香蒜頭片，加入梅花肉絲炒熟，再加入剩餘材料炒均勻即可盛盤。

熱量
225
Kcal

牛肉滑蛋 🍴

蛋白質	脂肪	醣類	膳食纖維	鈣質	鐵質	鋅
17.1	16.7	1.7	0.1	32.9	2.4	2.9

一餐
建議搭配

51.7 卡　P55

110.4 卡　P125

106.7 卡　P155

材料

牛梅花肉片	50克
蛋液	55克
蔥花	5克
白胡椒、鹽	
	各少許
香油	10克
太白粉	適量

作法

❶ 牛梅花肉片加入香油、太白粉抓勻後放置20分鐘。

❷ 鍋中倒入1匙的油燒熱，放入牛肉片煎到兩面上色後取出。倒入蛋液炒到6分熟再把牛肉片倒回去拌炒一下後關火，加入調味料、撒上蔥花快速拌勻就可以起鍋。

醬炒牛肉片 🍴

熱量
202.7
Kcal

蛋白質	脂肪	醣類	膳食纖維	鈣質	鐵質	鋅
17.9	12.3	4.6	0.2	15.9	2.7	6.0

一餐
建議搭配

P50

143 卡

P105

65 卡

P147

87.9 卡

材料

牛梅花肉片　80克
紅辣椒段、蔥段
　　　　　各10克
醬油　　　20c.c.
糖　　　　10克
米酒　　　10c.c.
醬油膏、紹興酒
　　　　　各1匙

作法

❶ 牛肉片加入醬油、糖、米酒抓勻後，靜置20分鐘。

❷ 鍋中倒入1匙油燒熱，爆香紅辣椒段、蔥段，放入醃好的牛肉片，炒到兩面上色，加入調味料後快速炒勻，就可以盛盤。

熱量 128.6 Kcal

牛肉炒空心菜

蛋白質	脂肪	醣類	膳食纖維	鈣質	鐵質	鋅
17.4	7.4	7.4	1.3	39.4	3.2	6.1

一餐
建議搭配

68.2 卡

95.4 卡

210 卡

材料

牛里肌肉片　80克
空心菜段　50公克
蒜頭片、紅辣椒段
　　　　　各10克
醬油　　　1/2小匙
米酒　　　　1小匙
糖　　　　1/2小匙
玉米粉　　　1匙

作法

❶ 牛里肌肉片放入碗中，加入醬油、玉米粉、糖一起混合抓勻後醃20分鐘。

❷ 平底鍋裡倒入1小匙油燒熱，放入醃好的牛肉片，聞到香氣後取出。爆香辣椒片、蒜頭片，加入空心菜段、調味料拌炒一下，再放入牛里肌肉片一起炒勻即完成。

熱量
320.9
Kcal

紅燒牛肉

蛋白質	脂肪	醣類	膳食纖維	鈣質	鐵質	鋅
16.9	18.3	11.1	2.0	48.5	3.4	5.5

一餐
建議搭配

P55
51.7 卡

P121
50.4 卡

P157
72.5 卡

材料

牛腩塊	80克
番茄塊、洋蔥塊	各1顆
薑	2片
蔥段	20克
醬油、米酒、辣豆瓣醬	各1/2大匙
冰糖、黑胡椒	各少許

作法

❶ 平底鍋裡倒入1小匙油燒熱，放入番茄塊、洋蔥塊、薑片、蔥段一起爆出香味。

❷ 放入牛腩塊炒至變色，加入所調味料及適量的水蓋過食材，以大火煮滾，轉小火煮至牛肉軟爛即可。

番茄炒蛋

蛋白質	脂肪	醣類	膳食纖維	鈣質	鐵質	鋅
7.3	9.9	3.3	0.6	32.9	1.4	0.9

一餐
建議搭配

51.7 卡

156.5 卡

188.9 卡

材料

番茄	1/2 個
雞蛋	55 克
蔥段	1/2 支
鹽	少許

作法

❶ 番茄洗淨、去皮、切小塊。

❷ 鍋中倒入1小匙的油燒熱,加入番茄塊拌炒一下,再加入1大匙的水煮滾,將雞蛋打散後倒入,待略微凝固後,翻炒,加入調味料及蔥段拌炒一下即可盛盤。

熱量
221.25
Kcal

鮮蚵炒蛋 🍴

蛋白質	脂肪	醣類	膳食纖維	鈣質	鐵質	鋅
10.1	15.3	1.9	0.1	36.3	3.1	2.7

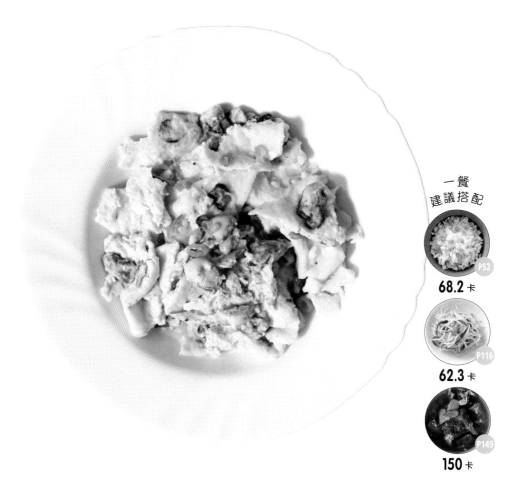

一餐 建議搭配

P52
68.2 卡

P116
62.3 卡

P149
150 卡

材料

鮮蚵	35克
雞蛋	55克
蔥花	5克
油	10克
鹽	少許

作法

1. 鮮蚵洗淨，放入滾水中汆燙，撈出備用。
2. 雞蛋打入碗中，加入鮮蚵、蔥花、鹽，一起攪拌均勻。
3. 鍋中倒入1小匙的油燒熱，倒入蛋汁，翻炒至熟即可。

熱量 114.6 Kcal

豆漿蒸蛋 🍴

蛋白質	脂肪	醣類	膳食纖維	鈣質	鐵質	鋅
12.6	6.9	3.4	2.1	83.9	3.8	1.4

一餐
建議搭配

116.7 卡 P56

95.4 卡 P114

173.9 卡 P145

材料

蛤蜊	20克
海帶芽	2克
雞蛋	55克
豆漿	110c.c.
鹽	少許
蔥花	適量

作法

❶ 蛤蜊洗淨、吐砂；海帶芽泡開，取出、瀝乾備用。

❷ 雞蛋打入碗中，加入豆漿、鹽，一起攪拌均勻，放入蒸鍋或電鍋中，以大火蒸至表面略微凝固，放入蛤蜊及海帶芽，續蒸至熟，撒上蔥花即完成。

豆腐蒸番茄

熱量
137.5
Kcal

蛋白質	脂肪	醣類	膳食纖維	鈣質	鐵質	鋅
7.4	7.8	8.9	2.5	126.3	2.1	0.9

一餐
建議搭配

85.4 卡 P129

124.2 卡 P54

150 卡 P149

材料

凍豆腐	80克
番茄片	50克
黑木耳	20克
香油	5克
蔥末	適量
胡椒鹽	少許

作法

① 豆腐切片；黑木耳洗淨切成細絲。

② 將蔥花外的所有材料排入盤中，放入電鍋中，外鍋放1/2杯水，蒸至開關跳起，淋入香油、撒上胡椒鹽、蔥花即可。

瘦肉鑲豆腐 🍴

熱量 195 Kcal	蛋白質 16.2	脂肪 14.9	醣類 1.4	膳食纖維 0.8	鈣質 178.9	鐵質 2.4	鋅 2.0

一餐
建議搭配

124.2 卡

70 卡

110 卡

材料

四角油豆腐　80克
瘦絞肉　　　30克
紅蘿蔔末　　 5克
蔥、薑　　　少許
米酒、醬油　少許

作法

❶ 豆腐橫切一刀，將豆腐挖出備用。

❷ 容器中放入挖出的豆腐及所有材料、調味料攪拌均勻後，填回豆腐中，再放入電鍋中，外鍋放一杯水蒸熟即可。

熱量
138.25
Kcal

醬燒豆腐

蛋白質	脂肪	醣類	膳食纖維	鈣質	鐵質	鋅
12.3	9.8	9.4	0.9	201.6	3.0	1.1

一餐
建議搭配

P51
72.2 卡

P124
106.3 卡

P146
167.5 卡

 材料

板豆腐	140克
薑片	2片
蒜片	2顆
蔥	適量
油、醬油、米酒	各1小匙
糖	3克

作法

❶ 蔥洗淨、切成斜段。將板豆腐切成大小適中的方塊。

❷ 鍋中倒入1小匙油燒熱，放入板豆腐煎至表面金黃上色，取出。

❸ 爆香薑片、蒜頭，再放入板豆腐及所有調味料，煮至入味，最後放入蔥段拌炒一下即完成。

熱量 124.4 Kcal

蟹管肉蒸豆腐 🍴

蛋白質	脂肪	醣類	膳食纖維	鈣質	鐵質	鋅
7.3	6.9	2.6	0.3	121.4	0.8	1.5

一餐
建議搭配

116.7 卡 P56

50.4 卡 P121

206.3 卡 P135

材料

蟹管肉	35克
雞蛋豆腐	40克
薑絲、蔥絲	適量
辣椒絲	適量
醬油、米酒	各5克
糖、香油	各5克

作法

❶ 將蟹管肉洗淨;雞蛋豆腐切塊,放入深盤中。再加入所有調味料及薑絲、蔥絲、辣椒絲。

❷ 放入電鍋中,外鍋放1杯水,蒸熟後即可取出。

柴魚片豆腐

熱量	蛋白質	脂肪	醣類	膳食纖維	鈣質	鐵質	鋅
82.7 Kcal	3.3	1.6	2.0	0.0	6.3	0.3	0.5

一餐
建議搭配

P62
284.7 卡

P113
70 卡

P144
61 卡

材料　芙蓉豆腐　　1盒
　　　　柴魚片　　　2克

作法

❶ 芙蓉豆腐從盒子裡取出後，切成小塊，放入盤中。

❷ 將包裝中所附醬汁倒入，最後撒上柴魚片即可。

豆包炒雲耳 🍴

熱量 170 Kcal

蛋白質	脂肪	醣類	膳食纖維	鈣質	鐵質	鋅
16.4	11.7	7.6	2.1	52.7	3.4	1.4

一餐
建議搭配

116.7 卡

156.5 卡

55 卡

材料

生豆包　　60克
木耳、甜椒絲、
紫高麗菜絲、
薑絲　　各10克
紅蘿蔔絲　20克
醬油、蠔油
　　　　各1小匙

作法

❶ 食材洗淨。生豆包切成細絲，木耳、切細絲。

❷ 鍋中倒入1匙油燒熱，爆香薑絲，放入紅蘿蔔絲、木耳絲一起拌炒至熟，再加入生豆包絲及剩餘材料及所有調味料炒勻即可盛盤。

熱量
132.5
Kcal

豆干絲絲

蛋白質	脂肪	醣類	膳食纖維	鈣質	鐵質	鋅
7.1	8.1	5.7	3.0	122.2	2.5	1.0

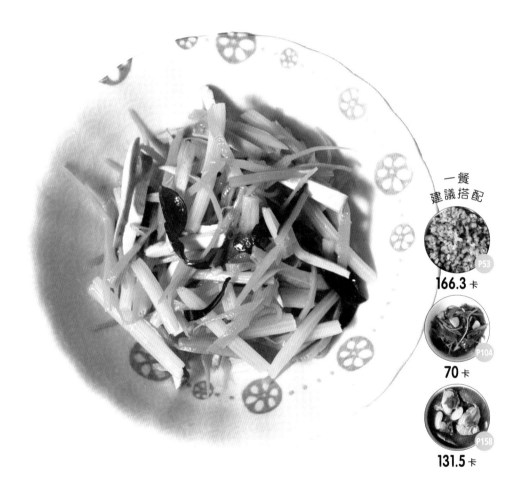

一餐
建議搭配

166.3 卡 P53

70 卡 P104

131.5 卡 P158

材料

豆干切絲	35克
木耳切絲	20克
紅蘿蔔絲	15克
芹菜段	15克
油	1小匙

醬油、白胡椒、鹽
各少量

作法

❶ 鍋中倒入1小匙的油燒熱，先放入紅蘿蔔絲拌炒至軟，再放入所有材料及適量的水拌炒至熟，加入調味料炒勻即可。

Chapter 4

養血又補氣！高鐵高鈣蔬食餐

生產後氣血兩虛，最需要補充高鐵高鈣的食物
不但可以把補流失的血液給補回來，同時於器官的修復也很有幫助

富含多種礦物質及維生素的蔬食能預防貧血
還能補氣養血，達到強化體質的效果

產後的媽咪因為身體處於虛弱狀態，免疫力可能還沒有完全恢復，所以要避免食用未煮熟的食物，以防身體受到感染，但還是必須均衡攝取蔬菜水果，才能補充其中的維生素和纖維質。

不過，有些蔬果屬性偏寒，就不太適合生產後食用，例如：小白菜和瓜類蔬菜，西瓜、水梨、火龍果、香瓜與哈密瓜等，除了屬性偏寒，也可能抑制乳汁的分泌，所以，產後的飲食主要把握「清淡」為原則即可。

想要達到養血又補氣的效果，吃下肚的食物，一定要能吃得對、吃得好，這樣自然能「由內而外」，逐步達到強化體質的效果。

花椰菜、辣椒、青椒、甜椒、甘藍、番茄、高麗菜等等這一類的蔬菜中所富含的膳食纖維，既具吸水作用，能增加腸道及胃中的食物體積、增加飽足感；又能促進腸胃蠕動、舒解便秘；同時還能吸附腸道中的有害物質，以便排出。

除此之外，像是馬鈴薯、豌豆、豇豆、扁豆、南瓜、茼蒿、菠菜、莧菜、海帶、紫菜等。富含了多種人體所需的礦物質。包括：鈣、磷、鉀、鈉、鋅、鐵、碘等20多種，對於構造細胞組織、調節生理機能有很大的影響。鐵是血紅素的主要成分，還有鈣和磷，除了構成骨骼和牙齒之外，對於吸收和排泄作用也有重要影響。

其他像是油菜、菠菜、青蒜，這些富含維生素B群、葉酸、生物素、菸鹼酸的蔬菜，能參與運作體內的各項新陳代謝，包括呼吸作用、醣類代謝合成等，可以消除疲勞、預防貧血，以及發炎等症狀出現。

 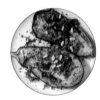 

熱量 38.5 Kcal

汆燙菠菜 🍴

蛋白質	脂肪	醣類	膳食纖維	鈣質	鐵質	鋅
3.3	5.4	3.4	1.9	81.4	3.2	0.7

一餐
建議搭配

51.7 卡　P55

100 卡　P92

302.5 卡　P143

材料

柴魚片
（或白芝麻）
　　　　　1克
菠菜　　　100克
醬油膏　　少許
香油　　　少許

作法

1. 菠菜洗淨，切成約5公分長度。

2. 鍋中放入適量的水煮滾，放入菠菜汆燙至熟，撈出後以醬油膏、香油調味，撒上柴魚片（或白芝麻）即可。

Tips：白芝麻含不飽和脂肪酸及芝麻素，有助於抗氧化、增強免疫力！

103

蒜香皇宮菜 🍴

熱量
70
Kcal

蛋白質	脂肪	醣類	膳食纖維	鈣質	鐵質	鋅
2.7	5.3	6.0	2.3	122.2	1.8	0.8

一餐
建議搭配

72.2 卡 P51

167.5 卡 P77

188.9 卡 P137

材料

皇宮菜	100克
蒜頭（切片）	
	10克
油	1小匙
鹽	少許

作法

❶ 皇宮菜洗淨，去除老梗。

❷ 鍋中倒入油燒熱，爆香蒜頭片，再加入皇宮菜炒熟，最後加入鹽調味即可。

熱量 65 Kcal 炒高麗菜苗 🍴

蛋白質	脂肪	醣類	膳食纖維	鈣質	鐵質	鋅
1.0	5.1	3.8	0.9	38.0	0.4	0.3

一餐建議搭配

51.7 卡　P55

195 卡　P96

187.5 卡　P150

材料

高麗菜苗	80克
蒜頭（切片）	10克
油	1小匙
鹽	少許

作法

❶ 高麗菜苗剝好、洗淨。

❷ 鍋中倒入油燒熱，小火爆香蒜頭片，轉大火後加入高麗菜苗炒熟，最後加入鹽調味即可。

熱量
70
Kcal

清炒地瓜葉 🍴

蛋白質	脂肪	醣類	膳食纖維	鈣質	鐵質	鋅
3.2	5.3	4.4	3.3	105.4	2.5	0.5

一餐
建議搭配

P55
51.7 卡

100 卡
P92

281.4 卡
P139

材料
地瓜葉　　100克
蒜頭末　　10克
油　　　　1小匙
鹽　　　　少許

作法

❶ 地瓜葉去除硬梗留下葉片、洗淨備用。

❷ 鍋中倒入適量的熱水煮滾，放入地瓜葉燙煮約2~3分鐘直到熟透，撈出後加入蒜頭末、油、鹽拌勻即可。

熱量
70
Kcal

翠綠龍鬚菜 🍴

蛋白質	脂肪	醣類	膳食纖維	鈣質	鐵質	鋅
3.3	5.2	3.5	2.3	29	1.6	0.8

一餐
建議搭配

P50
143 卡

P77
167.5 卡

P154
110 卡

材料
龍鬚菜　　　100克
蒜頭（切片）
　　　　　　10克
油　　　　　1小匙
鹽　　　　　少許

作法
① 龍鬚菜切除較硬的根部，再切成適合的長度，洗淨備用。

② 鍋中倒入油燒熱，小火爆香蒜片，轉大火後加入龍菜炒熟，最後加入鹽調味即可。

嫩薑炒川七 🍴

蛋白質	脂肪	醣類	膳食纖維	鈣質	鐵質	鋅
1.6	5.5	3.2	1.2	92.4	2.3	0.7

熱量 70 Kcal

一餐
建議搭配

72.2 卡

298 卡

59.9 卡

 材料

川七	100克
薑片	10克
枸杞	10克
油	1小匙
鹽	少許

 作法

❶ 川七洗淨、枸杞泡水備用。

❷ 鍋中倒入油燒熱,小火爆香薑片,轉大火後加川七炒熟,最後加入枸杞、鹽一起拌炒均勻即可。

熱量
67.9 Kcal

焗烤雙花

蛋白質	脂肪	醣類	膳食纖維	鈣質	鐵質	鋅
2.7	8.4	4.6	2.6	104.5	0.8	0.8

一餐
建議搭配

124.2 卡 P54

225 卡 P88

72.5 卡 P157

材料
青花菜	50克
白花菜	50克
胡椒鹽	少許
起司絲	10克

作法

❶ 青花菜、白花菜均洗淨後切成小朵，以滾水燙熟後撈出，放入烤盅，上面撒上胡椒鹽、起司絲。

❷ 烤箱以220℃預熱10分鐘或預熱到220℃，放入烤盅，以上下火220℃，烘烤至起司融化即可取出。

熱量
189.5
Kcal

焗烤圓茄

蛋白質	脂肪	醣類	膳食纖維	鈣質	鐵質	鋅
6.4	8.9	6.4	2.4	148.7	0.5	0.8

一餐
建議搭配

72.2 卡
P51

164.5 卡
P84

61 卡
P144

材料
日本圓茄　　100克
起司片　　　2片
九層塔末、松子、
蒜末　　　各少許
醬油　　　0.5小匙

作法

❶ 將茄子洗淨、對切一半表面劃上刀紋，裝入盤中；烤箱以200℃預熱10分鐘，或預熱到200℃。

❷ 茄子放上蒜末、醬油、起司片、九層塔末、松子，放入烤箱中烘烤約20分鐘至熟即可。

清炒娃娃菜 🥄🍴

熱量 58.7 Kcal

蛋白質	脂肪	醣類	膳食纖維	鈣質	鐵質	鋅
1.3	5.1	3.8	0.4	33.8	0.2	0.1

Ch4 養血又補氣！高鐵高鈣蔬食餐

一餐
建議搭配

72.2 卡 P51

128.6 卡 P90

206.3 卡 P135

材料

娃娃菜	2顆
蒜末、鹽	各0.5小匙
油	1小匙

作法

❶ 將娃娃菜洗淨，放入滾水中汆燙一下，撈出備用。

❷ 鍋中倒入1匙的油爆香蒜末，加入娃娃菜炒熟後用鹽調味，也可以用等量的胡椒鹽來調味。

清炒豆苗 🍴

蛋白質	脂肪	醣類	膳食纖維	鈣質	鐵質	鋅
3.7	5.5	4.4	2.3	35.8	1.8	0.6

熱量 70 Kcal

一餐建議搭配

68.2 卡 P52

114.6 卡 P94

210 卡 P148

材料

豆苗	100克
蒜片、紅辣椒絲	各10克
油	1小匙
鹽	少許

作法

❶ 豆苗洗淨備用。

❷ 鍋中倒入油燒熱，小火爆香蒜片、紅辣椒絲，轉大火後加入豆苗炒熟，最後加入鹽調味即可。

熱量 70 Kcal

蒜炒四季豆 🍴

蛋白質	脂肪	醣類	膳食纖維	鈣質	鐵質	鋅
1.7	5.2	5.3	2.0	39.5	0.6	0.4

一餐建議搭配

P67
194.2 卡

P73
96.1 卡

P147
87.9 卡

材料

四季豆	100克
蒜頭末、紅辣椒絲	各10克
油	1小匙
鹽	少許

作法

❶ 四季豆去除頭尾、老筋，斜切長段後洗淨備用。

❷ 鍋中倒入油燒熱，小火爆香蒜末、紅辣椒絲，轉中火後加入四季豆炒熟，最後加入鹽調味即可。

照燒杏鮑菇 🍴

熱量 95.4 Kcal	蛋白質 3.0	脂肪 5.3	醣類 13.6	膳食纖維 3.1	鈣質 2.1	鐵質 0.3	鋅 0.8

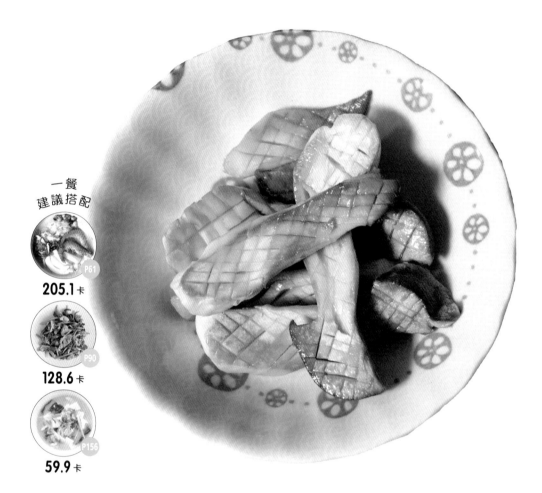

一餐
建議搭配

205.1 卡

128.6 卡

59.9 卡

材料
杏鮑菇	100克
薑末、蔥末	各10克
油	1小匙
照燒醬	2小匙

作法

❶ 杏鮑菇洗淨，橫剖一半，表面劃上刀痕以幫助入味。

❷ 鍋中倒入油燒熱，爆香薑末、蔥末，再放入杏鮑菇、照燒醬一起煮至熟即可盛盤。

熱量 70 Kcal

蘆筍燴鮮菇 🍴

蛋白質	脂肪	醣類	膳食纖維	鈣質	鐵質	鋅
2.8	5.2	6.0	1.8	13.2	1.3	0.9

一餐建議搭配

140 卡 P49

183.8 卡 P71

106.7 卡 P155

材料

蘆筍	80克
新鮮香菇	20克
蒜片	適量
蠔油	1小匙
香油	1小匙
太白粉水	1小匙
鹽	少許

作法

❶ 蘆筍洗淨對切一半，放入滾水中汆燙至熟，撈出盛盤備用；香菇洗淨後切大塊。

❷ 鍋中倒入適量的油燒熱，放入蒜片爆香，再放入香菇片及1大匙水炒熟，加入蠔油、鹽、香油調味，淋入太白粉水勾芡，即可倒入蘆筍中。

熱量
62.3
Kcal

炒三絲 🍴

蛋白質	脂肪	醣類	膳食纖維	鈣質	鐵質	鋅
1.3	5.1	6.5	3.4	32.6	0.6	0.3

一餐
建議搭配

144.8 卡 P63

185 卡 P83

87.8 卡 P134

材料
紅蘿蔔絲、
木耳絲、綠豆芽
各30克
油　　　1小匙
鹽、裝飾香菜
各少量

作法

① 綠豆芽洗淨，去除頭尾。〈沒有時間也可以省略。〉

② 鍋中倒入油燒熱，放入紅蘿蔔絲、木耳絲、略炒後，加入1大匙的水炒軟，最後加入綠豆芽、鹽拌炒均勻即可盛盤，放入裝飾香菜。

熱量 229.4 Kcal

白菜拌干絲 🍴

蛋白質	脂肪	醣類	膳食纖維	鈣質	鐵質	鋅
9.5	24.4	7.6	2.8	119.0	1.9	1.4

一餐
建議搭配

51.7 卡 P55

100 卡 P92

59.9 卡 P156

材料
大白菜　　　　100克
五香豆干2片、丁香
魚、紅蘿蔔絲　各10克
花生粒　　　　15克
香菜、鹽　　　各適量
糖、檸檬汁、香油
　　　　　　　各1大匙

作法

❶ 大白菜洗淨後切成細絲，泡入冰塊水中撈出後瀝乾。香菜洗淨後去除根部切小段。

❷ 五香豆干切絲與丁香魚一起放入滾水中汆燙3分鐘，撈出、瀝乾後放涼。

❸ 把所有食材以及調味料全部混合拌勻，最後撒上花生粒即完成。

117

鴻喜菇炒蛋 🥄🍴

熱量 87.5 Kcal	蛋白質 8.6	脂肪 10.0	醣類 4.2	膳食纖維 1.3	鈣質 24.7	鐵質 1.4	鋅 1.2

一餐
建議搭配

68.2 卡 P52

225 卡 P88

85 卡 P133

材料
鴻喜菇	1/2包
雞蛋	1個
鹽	少許
蔥末	10克

作法

❶ 鴻喜菇洗淨，雞蛋打入碗中，備用。

❷ 鍋中倒入1小匙的油燒熱，放入鴻喜菇炒熟，再倒入蛋汁，待略微凝固後，再翻炒至熟，加入鹽及蔥末炒勻後即可盛盤。

熱量
156.5
Kcal

菠菜炒蛋

蛋白質	脂肪	醣類	膳食纖維	鈣質	鐵質	鋅
9.5	10.2	4.2	1.9	104.8	4.1	1.5

一餐
建議搭配

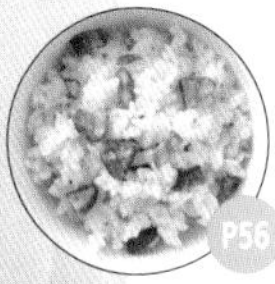

P56

116.7卡

P65

150卡

P157

72.5卡

材料

菠菜	100克
雞蛋	1個
蒜頭片	適量
麻油	1小匙
鹽	少許
米酒	5cc
醬油	適量

作法

1. 菠菜洗淨，切長段，放入滾水中汆燙，撈出；雞蛋打入碗中加入鹽拌勻。
2. 鍋中倒入麻油燒熱，爆香蒜頭片倒入蛋液，拌炒至半凝固，倒入菠菜段炒熟以米酒、醬油調味即可。

莧菜炒金銀蛋 🥄🍴

熱量 236.75 Kcal

蛋白質	脂肪	醣類	膳食纖維	鈣質	鐵質	鋅
9.7	12.0	6.5	2.4	181.7	6.0	1.3

一餐
建議搭配

72.2 卡 P51

130 卡 P79

61 卡 P144

材料

莧菜	100克
皮蛋	半顆
鹹蛋	半顆
蒜片	5克
味醂	5克
油	1小匙
鹽	少許

作法

❶ 莧菜洗淨、切段；皮蛋、鹹蛋先放入電鍋中蒸15分鐘，取出後切小塊。

❷ 鍋中倒入油燒熱，爆香蒜片，放入莧菜炒勻後倒入皮蛋、鹹蛋及調味料炒熟即可。

熱 量 50.4 Kcal	蛋白質 2.4	脂肪 2.9	醣類 11.6	膳食纖維 5.0	鈣質 30.0	鐵質 1.3	鋅 0.8

涼拌珊瑚草

一餐
建議搭配

P55
51.7 卡

P85
285 卡

P154
110 卡

材料
珊瑚草　　100克
糖、醬油、醋、
白芝麻　各1小匙

作法

❶ 珊瑚草放入冷開水中浸泡約4小時，中途
需換水2~3次，取出後切成小段。（可參
考包裝上的標示時間）最後一次浸泡的
水，可加入冰塊，就能增加脆度。

❷ 碗中放入所有食材後攪拌均勻即可，也可
以依個人喜好，增加小黃瓜絲。

綠花椰蝦仁 🍴

蛋白質	脂肪	醣類	膳食纖維	鈣質	鐵質	鋅
5.3	5.2	4.2	2.8	43.9	0.8	0.6

一餐
建議搭配

P75
190.5 卡

P54
124.2 卡

P134
87.8 卡

材料

青花菜	90克
蝦仁	20克
蒜片	10克
油	1小匙
鹽	少許

作法

❶ 青花菜洗淨、去除硬梗，切成小朵，放入滾水中汆燙，取出；蝦仁去除腸泥。

❷ 鍋中倒入1小匙的油燒熱，放入蒜片爆香，加入蝦仁炒熟，再加入鹽、青花菜一起拌炒均勻即可盛盤。

甜豆炒小章魚

熱量 101.8 Kcal

蛋白質	脂肪	醣類	膳食纖維	鈣質	鐵質	鋅
6.5	7.9	8.4	3.4	59.2	2.4	0.9

一餐建議搭配

P63 **144.8** 卡

P76 **170** 卡

P133 **85** 卡

材料

甜豆	100克
小章魚	20克
小番茄、蒜片	各10克
XO醬、鹽、油	各1小匙

作法

❶ 小番茄洗淨、對半切開；甜豆洗淨，去除頭尾，與小章魚一起放入滾水中氽燙，撈出備用。

❷ 鍋中倒入1小匙油燒熱，放入蒜片炒香，再放入甜豆、小章魚、小番茄拌炒，最後加入XO醬、鹽調味即可。

蘆筍山藥炒魷魚 🍴

熱量 106.3 Kcal	蛋白質 6.7	脂肪 5.8	醣類 7.4	膳食纖維 1.5	鈣質 19.2	鐵質 1.6	鋅 1.5

一餐建議搭配

140 卡　P49

195 卡　P72

55 卡　P153

材料

蘆筍	100克
魷魚	30克
山藥、辣椒片	各20克
蒜片	適量
油	1小匙
鹽	少許

作法

❶ 洗淨、切段的綠蘆筍、魷魚、山藥全部放入滾水中汆燙約1分鐘，撈出備用。

❷ 鍋中倒入1小匙的油燒熱，爆香辣椒片、蒜片，再加入所有材料及調味料，拌炒至熟即可盛出。

Tips：山藥為主食類，宜適量食用。

熱量 110.4 Kcal

醬滷白蘿蔔 🍴

蛋白質	脂肪	醣類	膳食纖維	鈣質	鐵質	鋅
2.1	5.2	8.6	1.9	48.5	0.7	0.6

一餐建議搭配

205.1 卡 P61

96.1 卡 P73

61 卡 P144

材料

白蘿蔔	150克
蔥段	10克
醬油	1大匙
糖、油	各1小匙

作法

① 白蘿蔔去皮，切塊備用。

② 鍋中倒入1小匙的油燒熱，爆香蔥段，再加入所有材料及調味料，倒入適量的水，煮熟後即可盛出。

熱量
198.7
Kcal

雞絲沙拉 🍴

蛋白質	脂肪	醣類	膳食纖維	鈣質	鐵質	鋅
13.7	7.2	12.2	2.6	69.1	1.8	0.9

一餐
建議搭配

P51
72.2 卡

P90
128.6 卡

P134
87.8 卡

材料
雞胸肉、小黃瓜
片、萵苣 各50克
蘋果、西洋芹、
鳳梨、藍莓
各20克
沙拉 10克

作法

❶ 所有食材洗淨。雞胸肉蒸熟後剝成絲；萵
苣洗淨，剝成大片；鳳梨、蘋果均切片，
西洋芹去筋、切片。

❷ 將所有材料排入盤中，最後擠入沙拉即完
成。

Tips：沙拉每加10克，熱量會增加45kcal。

熱量 167.5 Kcal

彩椒雞丁 🍴

蛋白質	脂肪	醣類	膳食纖維	鈣質	鐵質	鋅
15.5	5.6	3.9	1.3	16.2	0.8	0.7

一餐
建議搭配

124.2 卡 P54

120 卡 P70

87.9 卡 P147

 材料
雞胸肉丁　　60克
紅椒丁、黃椒
丁、玉米筍、
西洋芹　　各15克
小黃瓜丁　　10克
油　　　　　1小匙
米酒、醬油　少許

 作法

❶ 雞胸肉丁用米酒、醬油抓醃一下。

❷ 鍋中放入油燒熱，放入雞胸肉丁略炒，再加入所有材料翻炒至熟，即可盛盤。

Tips：也可將所有蔬菜類以滾水汆燙後，再與雞胸肉拌炒，就可以縮短炒製的時間。

熱量 78.3 Kcal	涼拌什錦 🍴

蛋白質	脂肪	醣類	膳食纖維	鈣質	鐵質	鋅
11.4	0.6	11.4	6.2	165.3	5.0	1.2

一餐
建議搭配

P56

116.7 卡

P78

225 卡

P144

61 卡

材料
熟雞胸肉　　30克
海帶芽、海帶絲
　　　　　各15克
萵苣、小番茄
　　　　　各20克
和風沙拉醬　10克

作法

❶ 熟雞胸肉剝成絲；海帶芽、海帶絲放入滾水中燙熟、撈出；萵苣剝成大片、小番茄對半切開，將所有材料排入盤中，再加入和風沙拉醬即可。

Tips：和風沙拉醬使用新鮮檸檬汁製成每加10克，熱量會增加8.3Kcal。

熱量
85.4
Kcal

毛豆炒雞丁 🍴

蛋白質	脂肪	醣類	膳食纖維	鈣質	鐵質	鋅
13.1	2.2	10.9	4.3	32.0	2.5	1.5

一餐
建議搭配

P56
116.7 卡

P83
185 卡

P155
106.7 卡

材料

毛豆	60克
雞胸肉丁	15克
紅蘿蔔丁	15克
和風沙拉醬	1小匙
醬油	1小匙
太白粉	1小匙

作法

❶ 雞胸肉丁放入碗中，先以醬油、太白粉略醃10分鐘，放入鍋中煎至熟透，撈出備用。

❷ 準備一鍋滾水，放入毛豆、紅蘿蔔丁燙熟，撈出，待涼。

❸ 所以材料與和風沙拉醬一起拌勻即可。

Chapter 5

產後調理養生！不可不喝湯料理

生產後氣血兩虛，最需要補充高鐵高鈣的食物
善用會按電鍋開關就會煮的日常湯料理，把補流失的血液補回來

雞肉、山藥、肉類、豆腐常用食材互搭
簡單步驟就能做出好喝又健康的養生湯品

　　過往的年代，坐月子對女性來說，是一個母以子貴，能名正言順休息、補養氣血的時機。不過現代女性幾乎沒有營養缺乏的問題，所以除了調養氣血之外，反倒要注意是不是有補過頭，造成肥胖的疑慮。

　　所以，月子期間不論是想要增加泌乳量的「花生豬腳」、「黑豆杜仲雞」，想要補血養血的「紅鳳菜小魚湯」，還是對於產後容易便秘，能促進促進腸胃蠕動舒緩排便不順困擾的「黑棗雞湯」，這些都是在坐月子時不可缺少的湯品之一，只要透過熱量控制，以及不同食材的互相搭配，就能達到享瘦又享受到美味的雙重效果。多喝湯湯水水，對於想要哺乳的媽媽來說，是最方便也最有效果的方式之一。如果不想親餵，對於沒有胃口時，喝一碗湯，也是提供足夠熱量及營養的方法之一，可說好處多多。

　　特別要說明的是，吃麻油雞最好的時機，是在服用生化湯的期間之後，也就是產後的3週開始。因為這時子宮內膜已經重建，傷口也大多癒合了，再開始食用麻油和酒會比較安全，但還是要注意，如果媽媽的體質偏熱，平時就經常嘴破、大便硬結甚至多日一解、睡眠品質差等情況，就不能吃太多麻油雞。麻油雞在中醫而言，具有補氣補血，滋補虛弱身子的功能，現代醫學研究更發現麻油中含有豐富的不飽和脂肪酸，進入人體內可以轉化為前列腺素，促使子宮收縮和惡露排出，幫助子宮儘快復原。這個單元在製作的方法上也超級無敵簡單，就算是零廚藝的另一半，只要將準備好的食材放入電鍋中，在外鍋放杯水，再按下開關就能輕鬆完成，而且不用花大錢訂餐，在家跟做就能做出好喝營養又健康的養生湯料理，可說一舉數得。

熱量
206.25
Kcal

黑棗雞湯 🍴

蛋白質	脂肪	醣類	膳食纖維	鈣質	鐵質	鋅
27.1	15.8	1.2	0.2	16.5	2.7	2.9

一餐
建議搭配

51.7 卡 P55

138.25 卡 P97

101.8 卡 P123

材料

雞腿肉塊	150克
黑棗	2克
薑絲片	10克
鹽	適量

作法

❶ 雞腿肉塊以滾水汆燙，取出後洗淨，放入湯碗中。

❷ 再加入其他材料及適量的水，放入電鍋中，外鍋加一杯水蒸熟即可。

黑豆杜仲雞 🍴

熱量 **158.5** Kcal

蛋白質	脂肪	醣類	膳食纖維	鈣質	鐵質	鋅
16.6	7.9	7.4	4.5	41.3	2.4	1.8

一餐建議搭配

P52
68.2 卡

P110
189.5 卡

P81
84.5 卡

材料

雞腿肉塊	60克
黑豆	20克
杜仲	2片
薑絲	2片
鹽	少許

作法

❶ 雞腿肉塊以滾水汆燙，洗淨，撈出後放入湯碗中。

❷ 再加入其他材料及適量的水，放入電鍋中，外鍋加一杯水蒸熟即可。

香菇雞湯

	熱量 85 Kcal	蛋白質 12.9	脂肪 6.5	醣類 6.5	膳食纖維 3.7	鈣質 9.2	鐵質 1.4	鋅 1.8

一餐
建議搭配

P99
82.7 卡

P117
229.4 卡

P51
72.2 卡

材料

小雞腿	60克
乾香菇	10克
鹽	少許

作法

❶ 香菇用清水洗淨泡過，取出後瀝乾。

❷ 電鍋內鍋放入鹽之外的所有食材，加入清水蓋過食材，外鍋加1杯水，按下開關，跳起後加入鹽調味即可。

四物雞湯 🥄🍴

蛋白質	脂肪	醣類	膳食纖維	鈣質	鐵質	鋅
10.8	6.3	0	0	6.1	1.0	1.2

一餐
建議搭配

124.2 卡 P54

170 卡 P76

85.4 卡 P129

材料

四物	1帖
雞腿肉塊	60克
薑片	10克
米酒	10cc
鹽	適量

Tips：四物可以用何首烏5克、熟
地2克、黃耆5克取代。

作法

① 雞腿肉塊以滾水汆燙，洗淨後再放入湯碗中。

② 再加入其他材料，加水蓋過材料，放入電鍋中蒸熟即可，（中藥材可放入中藥包再一起熬煮）。

熱量 206.3 Kcal

清雞湯 🍴

蛋白質	脂肪	醣類	膳食纖維	鈣質	鐵質	鋅
27.2	15.8	0.2	0.2	18.2	2.7	3.0

一餐建議搭配

140 卡 P49

87 卡 P74

118 卡 P116

材料
雞腿　　　150克
薑絲、香菜、鹽
　　　各適量

作法

❶ 雞腿以滾水汆燙，洗淨，放入湯碗中。
❷ 再加入適量的水蓋過食材，放入電鍋中煮熟，最後加入香菜、鹽調味即可。

鮮雞山藥蛤蜊湯 🍴

熱量 189.3 Kcal

蛋白質	脂肪	醣類	膳食纖維	鈣質	鐵質	鋅
18.5	8.6	10.5	0.6	62.9	5.4	2.1

一餐
建議搭配

68.2 卡　P52

185 卡　P83

38.5 卡　P103

材料
蛤蜊	50克
去皮山藥塊	50克
雞肉塊	70克
鹽、薑片	各少許

作法

❶ 蛤蜊先吐砂乾淨。

❷ 鍋中放入去皮山藥塊、雞肉塊、薑片以及適量的水蓋過食材，以中火煮熟，再加入蛤蜊煮熟後，加鹽調味即可。

Tips：山藥為主食，需適量攝取。

熱量 188.9 Kcal

海帶結排骨湯

蛋白質	脂肪	醣類	膳食纖維	鈣質	鐵質	鋅
16.1	14.7	18.0	2.8	65.5	2.6	3.0

一餐建議搭配

P52
68.2 卡

P114
95.4 卡

P90
128.6 卡

材料

海帶結	70克
排骨	85克
薑絲	10克
鹽	適量

作法

① 排骨放入滾水中汆燙、洗淨、瀝乾備用。

② 鍋中放入海帶結、排骨、薑絲及適量的水蓋過食材，放入電鍋中，外鍋加一杯水後煮熟，用鹽調味即可。

熱量 165 Kcal

十全燉排骨 🍴

蛋白質	脂肪	醣類	膳食纖維	鈣質	鐵質	鋅
13.1	14.5	0	0	5.2	1.1	2.2

一餐建議搭配

P49
140 卡

P94
114.6 卡

P128
78.3 卡

材料

十全藥材	1帖
小排骨	70克
米酒	10克
鹽	少許

作法

❶ 小排骨放入滾水中汆燙、洗淨、瀝乾水分備用。

❷ 鍋中放入十全藥材包、小排骨及適量的水蓋過食材,放入電鍋中煮熟,最後用鹽、米酒調味即可。

蓮藕排骨湯 🍴

熱量 281.4 Kcal

蛋白質	脂肪	醣類	膳食纖維	鈣質	鐵質	鋅
22.6	23.9	6.8	1.6	20.5	2.0	3.8

一餐
建議搭配

68.2 卡 P52

50.4 卡 P121

94 卡 P92

材料
排骨	115克
蓮藕片	50克
鹽	少許

作法

❶ 排骨放入滾水中汆燙、洗淨、瀝乾備用。

❷ 鍋中放入蓮藕片、排骨及適量的水蓋過食材，放入電鍋中煮熟，外鍋加一杯水，最後用鹽調味即可。

Tips：蓮藕可以改成40克的山藥、30克的菱角、35克的皇帝豆，但皆為主食，因此需適量食用。

栗子排骨湯 🍴

熱量
316.4
Kcal

蛋白質	脂肪	醣類	膳食纖維	鈣質	鐵質	鋅
23.0	24.1	15.5	3.5	18.4	2.2	3.9

一餐
建議搭配

P55
51.7 卡

P74
87 卡

P114
95.4 卡

材料

排骨	115克
栗子	40克
鹽	少許

作法

① 排骨放入滾水中汆燙、洗淨、瀝乾備用。

② 鍋中放入栗子、排骨及適量的水蓋過食材，放入電鍋中煮熟，最後用鹽調味即可盛出。

Tips：栗子可以改成65克的皇帝豆或25克的乾蓮子但栗子、皇帝豆、乾蓮子皆為主食需適量。

玉米排骨海帶湯 🍴

蛋白質	脂肪	醣類	膳食纖維	鈣質	鐵質	鋅
23.3	25.1	9.6	2.8	25.9	2.3	4.0

熱量 292.6 Kcal

一餐
建議搭配

72.2 卡 P51

96.1 卡 P73

38.5 卡 P103

材料

玉米	50克
排骨	115克
海帶	20克
鹽	少許

作法

① 排骨放入滾水中汆燙、洗淨、瀝乾備用。

② 鍋中放入玉米、排骨、海帶及適量的水蓋過食材，放入電鍋中煮熟，最後用鹽調味即可。

Tips：玉米為主食類。

熱量
343.2
Kcal

山藥排骨紅棗湯 🍴

蛋白質	脂肪	醣類	膳食纖維	鈣質	鐵質	鋅
23.9	24.0	22.8	2.7	27.0	2.5	4.2

一餐
建議搭配

51.7 卡 P55

96.1 卡 P73

材料
排骨　　　115克
山藥　　　50克
紅棗、紅蘿蔔片
　　　　　各20克
蔥段、鹽　各少許

作法
❶ 排骨放入滾水中汆燙、洗淨、瀝乾備用。
❷ 鍋中放入所有材料及適量的水蓋過食材，
　放入電鍋中煮熟，最後用鹽調味即可。

Tips：山藥為主食類

熱量
302.5
Kcal

青木瓜燉豬腳 🍴

蛋白質	脂肪	醣類	膳食纖維	鈣質	鐵質	鋅
20.9	13.8	13.8	5.3	89.4	2.0	11.6

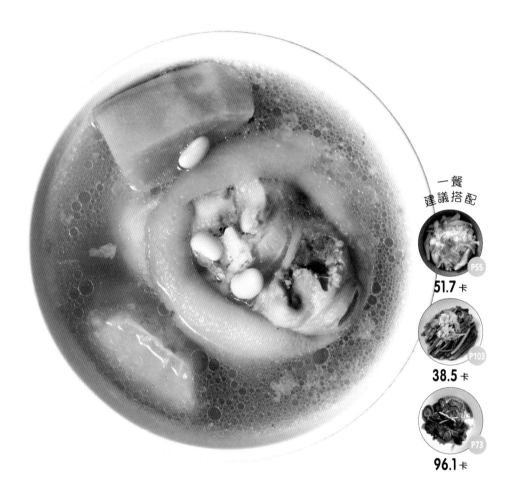

一餐
建議搭配

P55
51.7 卡

P103
38.5 卡

P73
96.1 卡

材料

青木瓜塊	100克
豬腳	60克
黃豆	20克
陳皮	20克
鹽	少許

作法

❶ 豬腳、黃豆一起放入滾水中氽燙，撈出後洗淨、瀝乾。

❷ 鍋中放入豬蹄、黃豆、陳皮及適量的水蓋過食材，放入電鍋中煮熟，開蓋後，放入青木瓜塊燜10分鐘，最後再加入鹽調味即可。

藥燉豬心湯

蛋白質	脂肪	醣類	膳食纖維	鈣質	鐵質	鋅
6.8	3.9	0.5	0	1.3	2.0	0.6

熱量 61 Kcal

一餐
建議搭配

P61
205.1 卡

P97
138.25 卡

P114
95.4 卡

材料

豬心	50克
市售藥膳包	1帖
薑	2片
鹽	少許

作法

❶ 豬心切片,放入滾水中汆燙,撈出。

❷ 鍋中放入藥膳包、薑片及適量的水蓋過藥材,放入電鍋中煮至開關跳起,開蓋後,放入豬心片拌勻,最後用鹽調味即可。

花生豬腳湯 🍴

蛋白質	脂肪	醣類	膳食纖維	鈣質	鐵質	鋅
17.1	15.3	2.1	1.3	24.8	1.0	12.2

熱量
173.9
Kcal

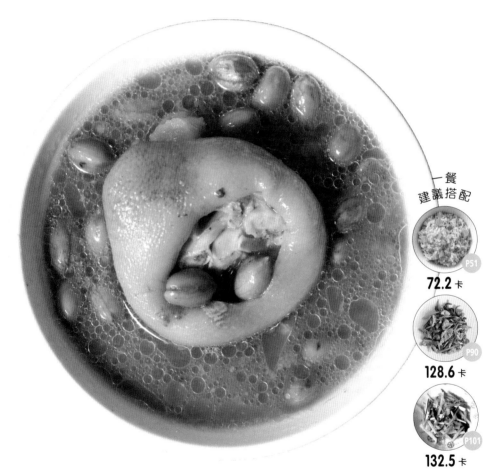

Ch4 養血又補氣！高鐵高鈣蔬食餐

一餐
建議搭配

72.2 卡 P51

128.6 卡 P90

132.5 卡 P101

材料

豬腳	65克
花生	10克
薑片	5克
米酒	適量
鹽	少許

作法

① 放入冰箱冷凍一晚。

② 豬蹄、花生滾水中汆燙，撈出後洗淨、瀝乾水分。

③ 鍋中放入豬蹄、花生、薑片及適量的水蓋過食材，放入電鍋中煮熟，最後用米酒、鹽調味即可。

熱量 167.5 Kcal						
蛋白質 12.6	脂肪 2.5	醣類 2.0	膳食纖維 0.1	鈣質 8.2	鐵質 6.2	鋅 3.2

豬肝湯

一餐
建議搭配

68.2 卡 P52

155 卡 P66

106.3 卡 P124

材料

切片的豬肝	60克
米酒	10cc
薑絲	少許
蔥末	少許
鹽	少許

作法

❶ 鍋中放入清水250cc的清水以及薑絲一起煮滾。

❷ 加入豬肝片煮熟後,加入米酒、鹽、蔥末攪拌均勻,即可盛盤。

熱量
87.9
Kcal

番茄燉牛肉湯 🍴

蛋白質	脂肪	醣類	膳食纖維	鈣質	鐵質	鋅
9.1	2.5	6.5	1.3	14.9	1.8	3.2

一餐
建議搭配

166.3 卡　P53

130 卡　P79

95.4 卡　P114

材料

牛腱塊	40克
牛番茄塊	100克
洋蔥片	20克
薑片	5克
醬油、鹽	少許
糖	少許

作法

❶ 鍋中放入油燒熱，爆香洋蔥片及薑片，再放入牛番茄塊拌炒。

❷ 繼續加入牛腱塊、適量的水及所有調味料一起燒煮至肉軟爛即可。

147

八珍牛肉湯 🥄🍴

熱量
210
Kcal

蛋白質	脂肪	醣類	膳食纖維	鈣質	鐵質	鋅
13.0	11.3	0.8	0	6.7	1.9	4.7

一餐
建議搭配

51.7 卡
P55

155 卡
P66

78.3 卡
P128

材料
牛腩	70克
八珍	1帖
薑片	10克
鹽	少許

作法

❶ 電鍋內鍋中放入牛腩及八珍，再放入薑片及清水蓋過食材。

❷ 放入電鍋中，按下開關，等開關跳起，加入鹽調味即可。

熱量 150 Kcal

當歸羊肉湯 🍴

蛋白質	脂肪	醣類	膳食纖維	鈣質	鐵質	鋅
14.9	2.5	0	0	6.3	1.7	5.4

一餐
建議搭配

116.7 卡 P56

124.4 卡 P98

85.4 卡 P128

材料

羊肉	70克
老薑	2片
當歸	1片
藥膳包	1帖
嫩薑絲	10克
鹽	少許

作法

❶ 羊肉先以滾水汆燙後，撈出瀝乾水分。

❷ 鍋中放入鹽之外的所有材料，再加入清水蓋過食材，放入電鍋中燉煮至熟，加鹽調味即可。

熱量
187.5
Kcal

鮭魚豆腐味噌湯 🍴

蛋白質	脂肪	醣類	膳食纖維	鈣質	鐵質	鋅
22.7	6.9	8.2	1.5	26.9	1.3	1.4

一餐
建議搭配

P52
68.2 卡

P84
164.5 卡

P105
65 卡

材料

鮭魚	70克
嫩豆腐	70克
味噌	20克
蔥末、鹽	各少許

作法

❶ 鮭魚洗淨、切小塊。

❷ 鍋中放入清入煮滾，再放入鮭魚片、嫩豆腐、味噌煮熟，最後再加入蔥末、鹽調味即可。

熱量
162.5
Kcal

藥膳魚湯 🍴

蛋白質	脂肪	醣類	膳食纖維	鈣質	鐵質	鋅
12.7	2.5	1.8	0	10.0	0.1	0.7

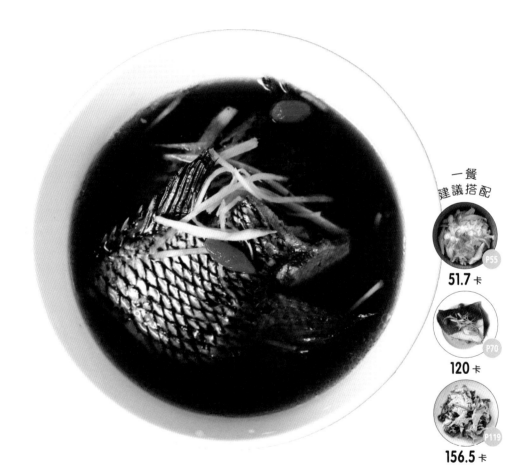

一餐
建議搭配

51.7 卡 P55

120 卡 P70

156.5 卡 P119

材料

鮮魚塊	70克
市售藥膳包	1帖
薑片	5克
米酒	10cc
鹽	少許

作法

1 鮮魚塊先以滾水汆燙後，撈出瀝乾水分。

2 鍋中放入藥膳包及清水蓋過食材，放入電鍋中燉煮至熟，加鹽調味即可。

151

虱目魚肚湯 🍴

蛋白質	脂肪	醣類	膳食纖維	鈣質	鐵質	鋅
12.2	20.8	0	0	4.4	0.8	0.5

熱量 160 Kcal

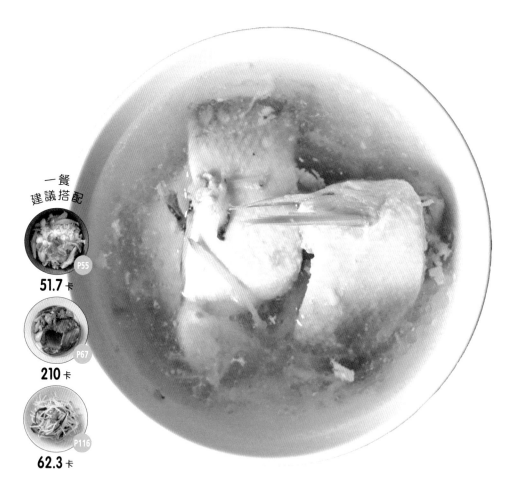

一餐
建議搭配

51.7 卡 P55

210 卡 P67

62.3 卡 P116

材料
虱目魚肚塊　70克
嫩薑絲　　　適量
鹽　　　　　少許
米酒（可省略）
　　　　　　適量

作法
❶ 虱目魚肚塊放入滾水中汆燙，撈出。
❷ 鍋中放入清水250cc的清水以及薑絲一起
煮滾，放入虱目魚肚塊及鹽、米酒煮熟即
可盛盤。

熱量
55
Kcal

蛤蜊湯

蛋白質	脂肪	醣類	膳食纖維	鈣質	鐵質	鋅
12.2	0.8	4.3	0	169.6	13.2	1.7

一餐
建議搭配

140 卡

130 卡

167.5 卡

材料

蛤蜊	160克
嫩薑絲	適量
鹽	少許

作法

① 鍋中放入250cc的清水以及薑絲以中火一起煮到滾。

② 再放入蛤蜊煮熟，最後加鹽調味即可。

蚵仔湯

	熱 量 110 Kcal

蛋白質	脂肪	醣類	膳食纖維	鈣質	鐵質	鋅
6.3	0.9	1.2	0	13.7	3.8	4.0

一餐
建議搭配

P56
116.7 卡

P77
167.5 卡

P124
106.3 卡

材料

蚵仔	70克
嫩薑絲	適量
蔥末	適量
鹽	少許

作法

❶ 鍋中放入250 cc的清水以及薑絲，以中火煮滾。

❷ 再放入蚵仔煮熟，最後加蔥末及鹽調味即可盛盤。

紅鳳菜小魚湯

熱量 106.7 Kcal

蛋白質	脂肪	醣類	膳食纖維	鈣質	鐵質	鋅
7.4	5.6	3.7	2.6	193.5	6.1	0.9

一餐
建議搭配

P52
68.2 卡

P74
87 卡

P120
236.75 卡

材料

紅鳳菜	100克
魩仔魚	20克
嫩薑絲	適量
鹽	少許
油	1小匙

作法

❶ 紅鳳菜去硬梗後洗淨。

❷ 鍋中放入1小匙油燒熱，爆香嫩薑絲，加入250cc的清水煮滾，再加入紅鳳菜、魩仔魚及鹽，拌勻即可盛出。

熱 量
59.9
Kcal

海帶芽豆腐湯

蛋白質	脂肪	醣類	膳食纖維	鈣質	鐵質	鋅
10.7	6.9	16.4	9.4	268.5	5.2	1.5

一餐
建議搭配

72.2 卡

195 卡

156.5 卡

材料
昆布	20克
海帶芽	10克
豆腐塊	40克

味噌、柴魚片、
薑絲、蔥花
各1小匙

作法

❶ 鍋中放入250c.c.的清水煮滾，放入日本
　昆布海帶芽。

❷ 煮滾後加入豆腐塊略煮，再加入剩餘材料
　攪拌即可。

熱量 72.5 Kcal

番茄高麗菜蔬菜湯

蛋白質	脂肪	醣類	膳食纖維	鈣質	鐵質	鋅
1.5	5.2	6.0	1.6	39.0	0.7	0.4

一餐
建議搭配

68.2 卡 P52

225 卡 P88

101.8 卡 P126

材料

小番茄、玉米筍　　各20克
高麗菜　　70克
鹽　　1小匙
橄欖油　　1小匙

作法

1 材料洗淨。小番茄對半切開，玉米筍切小段，高麗菜切成大塊。

2 鍋中放入250c.c.的清水及其他材料煮至熟透，最後以鹽調味，關火後淋上一小匙橄欖油拌勻即可。

熱量
131.5 Kcal

麻油猴頭菇湯

蛋白質	脂肪	醣類	膳食纖維	鈣質	鐵質	鋅
3.2	10.2	11.4	2.9	21.0	1.6	0.6

一餐
建議搭配

166.3 卡 P53

87 卡 P74

95.4 卡 P114

材料

猴頭菇	50克
高麗菜	30克
皇帝豆	20克
薑片	20克
麻油	2小匙
紅棗	2顆
枸杞	5克

作法

❶ 鍋中倒入麻油及薑片，以小火將薑片煸至略微捲曲。

❷ 放入新鮮猴頭菇、皇帝豆、高麗菜片、紅棗、枸杞及適量的水蓋過食材，以大火煮滾，改中火煮約15分鐘至熟即可。

Tips：皇帝豆為主食類，需要留意食用的量。

PART 3

張簡銘芬臨床心理師

寫給妳的
產後解憂指南

產後除了身體需要好好休息，成為媽媽的妳，心理上也需要時間適應這個新角色。本章提供簡單的練習，幫助妳覺察自己的狀態，以及了解有哪些抒解低落情緒的方法，陪伴妳順利度過這段好感動卻又好辛苦的時光。

Chapter 1

別小看情緒，當妳感到沮喪時……

妳是平常就習慣對自己說「沒關係我一個人很OK」的媽媽嗎？
小心，妳可能是產後憂鬱的高危險群。

妳和產後憂鬱的距離

　　產後媽媽多半會出現短暫的「憂鬱情緒」，發生率約為80%，可能在產後2~3天這個時間點，不僅情緒起伏大，還可能伴隨失眠、食欲不佳等情況，但大多會在兩週內好轉，不必過度擔心。

　　醫學上認定的「產後憂鬱」，是指憂鬱症發生在產後的這個時間點，發生率約只有10%至15%，通常會在產後第二週之後出現，因為生完寶寶的第一週，媽媽還處於身體的恢復期，仍以傷口的復原為主；從第二個禮拜開始，也就是坐月子的中後期，這段期間比較有體力照顧寶寶，然而隨之而來的疲備及焦慮感，就很容易讓媽媽陷入「憂鬱」。

　　另外就是產後3~6個月，也是產後憂鬱發生率的高峰期，因為寶寶大約需要半年至一年才可能安穩的睡過夜，媽媽在這之前幾乎很難一覺到天亮，而產後憂鬱除了情緒低落之外，也會出現不由自主落淚、驚慌、煩躁、自我否定，甚至想結束自己的生命等狀況。

四個可能造成產後憂鬱情緒＆憂鬱的原因

　　生理因素、媽媽本身的人格特質、社會和家人朋友的支持是否足夠，都會影響媽媽產後的情緒。

1催產素的高度分泌，是讓情緒劇烈起伏的元凶

　　因為產後長時間照顧寶寶以及哺乳的關係，媽媽體內的催產素常常處於高度分泌的狀態，連帶會影響情緒起伏，所以家人務必多多包容，並且多分攤照顧寶寶的工作，因為這時候另一半發脾氣確實是「不由自主」。

2 讓自己瀕臨崩潰邊緣的懷孕、生產、照顧寶寶

　　生產前後都有可能發生憂鬱的情況，有些準媽媽在生產前就會出現憂鬱，因為不管是懷孕還是生產，這件事對準媽媽來說就是一個壓力源，是人生中的一件大事，一旦這個壓力源產生後，自然會對我們的情緒產生影響，考驗著我們有沒有辦法應對。

　　尤其現在醫療院所普遍鼓勵全母乳，媽媽在拚命擠奶、餵奶、幫寶寶清潔、安撫寶寶的循環中，選擇母嬰同室的媽媽，更因為整天都得顧著寶寶，可能完全沒有休息的機會，情緒上會產生變化，也是理所當然的。剛開始可能只是「輕鬱」或者有點容易動怒、想哭，但如果狀況持續，媽媽無法再承受這個波動帶來的壓力，就會進一步變成「憂鬱」。

3 容易導致產後情緒低落或憂鬱的個人特質

　　有一些媽媽產後憂鬱的原因是來自於個人特質，比如說對自我要求高、講究完美，平常表現比較內斂，不太會向旁人表達內心的情緒跟想法，或者覺得「坦白」是一件示弱、讓人不好意思的事情；有些則是認為「就算我講了別人也不懂」、「我不應該這樣想」、「我不應該覺得我做不來」，一開始就阻斷了讓別人幫忙自己的機會，也可以說是有完美主義的傾向，這樣的人會認為「我遇到困難不應該跟別人講」，也就因為不擅長求助，壓力日積月累之下就容易造成憂鬱。除此之外，如果妳是這樣的媽咪，也可能是產後憂鬱的高風險群：

當路人甲對妳的孩子指指點點時，妳的反應是什麼呢？ ❶

總是立刻感到抱歉或者自責？ ❷

還是輕鬆回應，不隨他人起舞？ ❸

總是不愛麻煩他人寧願選擇一肩扛起獨力照顧寶寶？ ❹

- 遇到對自己不公平的事件，總是優先選擇忍耐
- 不習慣表達自己的想法或感受，別人也常常不知道說了什麼會踩到妳的雷
- 如果開口請別人幫忙，就會在心裡不斷責備自己無能
- 習慣避免衝突，和家人之間有衝突時也常選擇隱忍

　　此外，「不習慣被讚美，也不喜歡讚美他人的人」也是會產生憂鬱情緒的高風險群「不想讚美別人」，正是因為「我無法看到別人好的地方」；「不習慣被讚美，會覺得不自在，或是懷疑別人有企圖」的人，也不容易開心。所以，媽媽本身的人格特質對於產後是否容易發生憂鬱的情況也是非常關鍵因素。

　　我們會鼓勵媽媽多看看自己做得比過去更好的地方，比如說從產後第一天到現在，自己學會了哪些事？多了解寶寶哪些地方？這些都是進步。

> **張簡心理師的真心話**
>
> 我的觀察是，如果產後選擇母嬰同室，媽媽會感覺更疲憊，但也不是說不建議母嬰同室，而是要量力而為。因為有些媽媽的責任感很強，就算覺得很累，還是會覺得自己可以HOLD一下，加上考量到給月子中心照顧寶寶的費用也是一筆開銷，如果給婆婆或給媽媽照顧，又覺得心理上過意不去，光是牽扯到錢跟分工的問題，心情就「阿雜」起來，有些媽媽的個性不愛麻煩別人，就會選擇「全部都自己來」，相對來說就會給自己帶來比較大的壓力，連帶影響到情緒。

4 沒有神隊友、缺乏奧援的妳

　　另外一種會引發產後憂鬱的，是環境因素。現在生第一胎的媽媽，年齡以30歲~40歲居多，如果經濟條件不寬裕，或者另外一半無法協助分擔照顧寶寶的責任等，在煩惱寶寶的未來、體力也隨著年齡慢慢下降的情況下，育兒變得更加吃力，也容易引發產後憂鬱。

出現想結束孩子生命的念頭時，請去看診！

　　因為發生憂鬱狀況的那段期間在產後，我們才將它稱為「產後憂鬱」，但我們臨床上比較會注意的是，這個時間點，到底跟平常、也就是一般時候

的憂鬱有什麼不同？其實最大的不同，就是這個時期，有一個手無縛雞之力的孩子就在媽媽的身邊，寶寶成了媽媽的壓力源，也因此常衍生出當媽媽不斷哄寶寶，寶寶卻還是嚎啕大哭的情況下，媽媽感到憤怒到底要哭到什麼時候！於是，激動之下就去搖晃寶寶，衍生出「嬰兒搖晃症」。甚至有的媽媽出現了「殺嬰問題」，想要動手「解決這個壓力源」，例如帶著寶寶去輕生，或是透過一些方法危害寶寶的生命，請注意，當妳產生這類念頭時，哪怕只有一瞬間，為了妳和寶寶的安全著想，請鼓起勇氣到身心科就診。

COLUMN

媽媽們，或許妳曾經這樣想……

- 好不容易把小孩哄睡，終於有時間可以好好上個廁所，對著鏡子才發現，我怎麼像變了個人，頭髮是亂的，皮膚是差的，身材是垮的，心情是糟的……怎麼會這樣？

- 當小孩繼續無止盡的哭鬧時，我崩潰了，我把孩子丟到床上，歇斯底里地大哭咆哮：「你到底要怎樣！」

- 我好累，什麼事都不想做，感覺很麻木，但眼淚卻不自覺一直掉下來……這樣的生活，到底要持續多久？

- 我覺得我是個失敗的媽媽，沒有把小孩照顧好，都是我的錯！

- 我一直質問我自己，到底為什麼要結婚？到底為什麼要生小孩？到底為什麼我要活著？

妳可以有這些想法，而且，不只是妳一個人這樣想過喔。比起去追究責任，學習接納自己突如其來的不舒服，知道自己可以用什麼方式快樂起來，比較重要。身為媽媽，妳也需要看見自己的需求。翻到下一頁，學習放鬆吧！

Chapter 2

給媽媽的六個放鬆小練習

全世界的焦點好像都在寶寶身上了,但別忘了,妳不只是媽媽,妳也是妳自己,感到疲憊的時候,別忘了「妳可以請求協助」。

　　媽咪們每天在餵奶、拍嗝、洗屁屁、換尿布的無限循環之下,當寶寶又在夜半時分嚎啕大哭……唉,坐月子期間比想像中辛苦多了,對吧?

　　這時候,因為還在適應「媽媽」這個新的身分,比平常更容易忽略心理上的不舒服,不過,唯有充分了解自己的狀態,才能知道怎麼應對,預防長期憂鬱的發生。現在,讓我們一起來了解,有哪些可以讓自己喘口氣、放鬆一下的方法:

1 把握空檔時間,轉移對寶寶的注意力

　　升格當媽咪之後,生活忽然有了很大的改變,通常所有的注意力與生活重心都會放在寶寶身上,也因此難有餘力去想到能純粹讓自己感到開心的事物,或是自己平時的興趣。在這裡,我要建議媽咪們,即便只有短暫、零碎的時間,也一定要有能跟自己獨處的時候。

　　比如說,爸爸或其他家人能幫忙照顧寶寶的時候、或是洗澡時,甚至是上洗手間的時間等等,能把焦點放在自己身上或是感興趣的事物上,適時進行身分切換,讓自己喘口氣。

　　另外,有些媽媽提到,如果能讓自己有一段空檔時間,能好好專注準備未來的工作,也是件開心的事,從這裡不難看出,能暫時抽離媽媽及家庭主婦的身分,就會是媽媽最大的獎勵以及快樂的來源了。

　　所以,媽媽們不要一味的攬起所有照顧寶寶的責任,而是要懂得適度的放手,讓家人也有機會照顧與陪伴寶寶,避免爸爸產生對孩子的疏離感。另一方面,如果媽媽能適時意識到自己也需要幫忙,就能有助於穩定自我情緒,對整個家來說是一舉兩得的事喔。

2 記得問問自己：今天過得如何？

　　每天的任務好像只剩下照顧寶寶了，媽媽因此常常忽略了自己的心情，所以，記得還是要嘗試去省視、觀察自己的狀態。自己今天過得如何呢？可能因為時時關注著寶寶，而從來沒有想過「我自己今天感覺怎麼樣？」的媽媽，不妨把握洗澡的時間好好沉澱心緒，幫寶寶洗澡清潔的工作就放心交給隊友或家人幫忙吧！

媽咪們請留給自己一點喘息的時間吧！

3 瞬間穩定情緒：調整呼吸、放鬆肌肉、冥想

　　媽媽們在生產前或許就已學習過腹式呼吸法，在這裡我們再複習一次吧。呼吸，不只是一吸一吐，其實只要改變呼吸的頻率、吸氣和吐氣的時間，就可以穩定情緒。現在就來試試看以下幾種放鬆的方法，媽咪們可以先從自己比較喜歡、能長期練習的開始。

腹式呼吸

　　把氣確實吸到肚子裡，而不是只在胸部進行吸吐氣。

什麼時候適合呢？在哪裡進行？

　　睡前、感覺壓力來臨時，躺在床上或坐在椅子上都可以，以下以坐在椅子上為例。

什麼是腹式呼吸？

　　手放在小腹或肚子上，先用鼻子深吸一大口氣，感覺肚子像氣球一樣增大，深吸一口氣之後再用嘴巴吐氣，想像妳吸進了新鮮空氣，然後把體內的不開心隨著廢氣吐出去。有點像我們內心煩躁的時候，大嘆一口氣的感覺，但是這是比較緩慢一點的。心中可以從默念數字開始，慢慢調整呼吸，並從間隔比較短的吸、吐氣開始練習。

怎麼做？

吸氣，同時內心默念1、2，停，接著開始吐氣1、2，停；接著再次吸氣，同時默念1、2，停，接著吐氣1、2，停。注意吐氣時的聲音，把專注力放在自己的呼吸上。

重複循環這個步驟，慢慢就可以吸氣吸得比較長，可以到吸1、2、3，停，接著吐1、2、3，停。這個循環大約是10秒鐘，當妳可以吸氣時比較不費力，慢慢就可以讓妳的心跳、血壓都和緩下來，所以也很適合難以入眠時進行。

張簡心理師小提醒

當妳的隊友呼呼大睡時，可以看到他的肚子出現明顯的起伏吧？這和腹式呼吸的原理是一樣的；而有人急急忙忙跑過來的時候，可以發現對方的胸口快速起伏，那就是胸式呼吸，可能肩膀也會上下動，胸式呼吸法就比較難以使人放鬆。所以緊張的時候，可以在心裡默念，吸氣1、2、3、停，再慢慢吐氣；吸氣1、2、3、停，再慢慢吐氣，反覆練習，情緒就會逐漸和緩下來。

肌肉漸進式放鬆練習──手部、肩膀、腳趾腳背

透過從手臂、手指、肩膀、腳趾的繃緊和放鬆，讓我們感受到身體由上到下的釋放。

什麼時候適合呢？在哪裡進行？

當妳感到焦慮、煩躁時，這個方法特別適合坐在椅子上進行。

什麼是肌肉漸進式放鬆？

一般我們以為放鬆就是身體輕飄飄，沒什麼壓力的感覺，但其實並不是，應該是比較沉重的，就像一塊肉掉在砧板上，沒有任何力量支撐。例如妳把手放在椅背上或是大腿上，當妳沒有出任何力量的時候，可以感受到手臂的重量。例如手腳冰冷時，也是一個訊號，提醒妳正在緊張，也很適合這個方法。全身上下因為有很多肌肉組織，透過感受一鬆一緊的方式，讓自己能清楚體會到什麼是放鬆的感覺，往後當妳的身體又緊繃起來時，妳會比較

容易發現，並能提醒自己：「該放鬆一下囉！」

手部放鬆怎麼做？

　　首先，身體自然放鬆坐著，找出妳覺得最舒服的姿勢，接著將眼睛閉上，背部靠在椅背上，把重量都交付給椅子，接著，舉起妳的雙手，往前方伸直，用力伸直，接著用力握緊拳頭，再繼續用力，直到妳認為不能再更施力的程度，默念1、2、3、4、5。接著，開始放鬆，慢慢鬆開手指頭，慢慢鬆開妳的手，打開妳的拳頭，慢慢把妳的手放下來，緩緩地放回大腿上，慢慢倒數5、4、3、2、1，這時妳可能會感覺妳的手有點痠痠麻麻、熱熱的。因為當妳用力伸直手、握緊拳頭的時候，就是緊繃的時候，當妳放開、沒有施力的時候，妳會感覺到沉重和溫暖。

舒服坐在椅子上，舉起雙手，伸直並持續握緊拳頭，直到能感受手臂和手掌的緊繃。

雙手開始放鬆，打開拳頭，雙手往下緩緩放回大腿上，感受手部的放鬆。

肩膀放鬆怎麼做？

　　不光是媽咪，就算上班族也常常需要打電腦、看手機，肩頸往往不自覺用力。進行肩膀放鬆時，首先，把下巴往下壓，肩膀往後，胸膛挺出，感受背部持續夾緊，持續用力、再用力，維持這個狀態，默念1、2、3、4、5，開始慢慢放鬆，慢慢把頭抬起來，肩膀放下來，身體往椅背靠上去，慢慢放鬆、再放鬆，5、4、3、2、1，把重量放下來，就能感受放鬆和緊繃狀態的不同。

舒服地坐在椅子上，下巴往下縮，肩膀往後挺起胸膛，用力夾住背部。

將肩膀慢慢調整回原本的位置，身體往椅背靠，抬起頭，感受背部與肩膀的放鬆。

腳趾腳背放鬆怎麼做？

　　大多數人緊張的時候都不太想被別人發現，比如說進行深呼吸時，往往很明顯，這時候就很適合利用我們的腳趾頭來練習放鬆，首先，左右腳的腳趾像是要夾緊毛巾一般，用力將腳趾夾緊再夾緊，維持夾緊的狀態，並默念1、2、3、4、5，接著，慢慢把腳趾頭鬆開，接著腳背鬆開，慢慢放鬆，默念5、4、3、2、1，妳會感覺到腳底麻麻的、溫溫的，有股沉甸甸的感覺，這就是放鬆時的感覺哦。

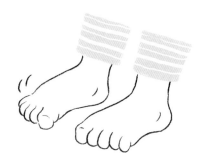

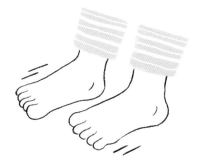

舒服地坐在椅子上，左右腳的腳趾開始夾緊、持續用力夾緊，像夾住毛巾般的彎曲程度，持續五秒。

左右腳掌、腳趾開始放鬆，出現麻麻、暖暖的，沉甸甸的感覺。

冥想放鬆練習

冥想是一種搭配指導語，藉由跟隨指導語，輔以想像力，慢慢進入一個讓妳放鬆的狀態的練習。

什麼時候適合呢？在哪裡進行？

時間點不限，不過，請挑選一個相對安靜，能獨處的空間。媽咪如果是寶寶的主要照顧者，可能會難以分心，此時請跟家人商量，請家人協助看顧寶寶，因為這個練習需要15~20分鐘，一段完整的空檔時間，在這段時間妳會跟著指導語進行想像，並感受身體各部位的放鬆。

冥想怎麼做？

初學者進行冥想時，需要指導語的引導，可以在YouTube上輸入「冥想放鬆」來尋找適合的音樂和配有指導語的影片，未來，妳甚至可以自己錄製自己的冥想專屬音樂，背景建議使用輕音樂，例如鋼琴、水晶音樂，儘量不要有人聲（指導語以外）在裡頭的，習慣指導語的步驟之後，也可以開始不搭配音樂，自己想像就可以進行冥想放鬆訓練了。

冥想放鬆，從閉上雙眼，想像一個可以讓妳放鬆的地方，妳很喜歡的空間開始，可能是遼闊的海邊、獨自一人的家、一張柔軟的大床上，想像任何一個妳很喜歡的空間，請去感受一下自己身體的狀況，感受呼吸、慢慢放鬆，從頭部開始，感覺額頭上的肌肉越來越放鬆、再放鬆、再放鬆，接著開始感覺手臂放鬆、手掌放鬆、手指頭放鬆，越來越放鬆、越來越放鬆，跟著指導語進行放鬆練習。妳要做的，就只是放鬆，除了放鬆以外不需要做別的事，只要把專注力回歸到自己的身體，好好享受這段時間吧！

請家人協助看顧寶寶，媽咪可以為自己保留每天至少20分鐘的空檔時間，挑選一個安靜的空間，練習冥想放鬆。

張簡心理師小提醒

如果妳發現自己不太了解放鬆的感覺是什麼，或者從來沒有進行過前面的腹式呼吸、肌肉放鬆練習時，比較不建議直接進行冥想放鬆訓練，可以先試著做前述的漸進式肌肉放鬆訓練，了解緊繃和放鬆狀態的差異，了解放鬆的感覺是什麼之後，再進行冥想放鬆訓練，比較能達到效果哦。

4 透過書寫療癒：寫心情日記的訣竅

除了改變呼吸方式，也可以記錄下自己的感受，可以用寫的，也可以在手機上輸入，現在有許多寫日記的APP，可以挑一種自己喜歡的介面、用得比較順的，並不一定要每天記錄，特別需要記錄的是「心情很好」和「心情很差」的時候。

為什麼呢？記錄「心情好的時候」，是讓自己有很多的錦囊妙計，我們都知道自己做什麼事會開心，比如睡飽飽會開心、吃大餐會開心、找朋友聊天會開心，這就是妳的資源，我心情不好時可以找這些事來做。妳會發現，喔！原來我不開心的時候，可以用這些方法讓自己好過一點。

而寫不開心的事情，第一個是可以宣洩，另外就是需要事後回顧時，很重要。比如說，今天婆婆看了我一眼、她對我說了什麼話做了什麼事等，我的心情是如何，把人、事、時、地、物都寫下來。接著可以思考到底婆婆說的，就妳感受到的，真的是字面上的意思嗎？或是妳其實聯想到了其他的事？可能是妳過去的仇人，或者最近發生的事，甚至是十年前的事件，當妳知道妳的情緒是怎麼來的，就可以決定要被這件事情影響多少，甚至可以自己在日記裡加註一些正向的想法，告訴自己原來事情其實沒有這麼糟。

5 找個人聊聊吧！別什麼都憋著不說

如果不太擅長書寫，也可以找人抒發，當我們在和另一個人陳述自己遇到的事情時，邏輯力就會啟動，回過頭重新把要表達的東西釐清，會更清楚知道到底是什麼事情影響我的情緒，也可以用錄音的方式，說一說，接著自己聽一遍，整理凌亂思緒之外，也增進對自己的了解。

除此之外，媽媽們平常也要多和朋友連絡，建立自己的支持系統，不然等到產後想抱怨，結果電話打過去發現妳生一個、朋友生兩個，比妳更慘！這樣就尷尬了。

6 讓自己倘佯在陽光下

走到陽台曬曬太陽，或在靠窗的地方坐坐，曬太陽有助於促進腦中「血清素」的分泌，因為血清素濃度太低時，容易令人感覺沮喪低落，所以趁著有陽光的日子去散散步吧！10分鐘也好，就能輕鬆避免落入憂鬱的情緒。

以上6種方法可以全部試試看，挑對自己有用、可以持續的即可，祝福媽媽們都能找到讓自己開心的方法！

COLUMN

媽媽真心問 VS 心理師暖心答

 當媽後，總是動不動就發脾氣，怎麼會這樣？

為什麼我會生氣？其實是因為我們受到「想法」的影響。當我們面臨一個「事件」時，我們產生的「想法」，在「事件」和「情緒」間做了轉換，也就是「我們覺得如何」取決於「我們有什麼想法」，可惜，我們特別容易忽略這個中間的過程。如果能轉換想法，就能輕鬆地改變情緒。以下舉例讓媽咪們了解：

事件　半夜寶寶肚子餓了一直哭，老公在旁邊呼呼大睡

想法　1 老公不願意幫我分擔

　　　　2 老公不愛我，所以不願意起床泡奶粉

　　　　3 老公可能外遇了，所以不想幫忙這個家的事情

　　　　4 老公不喜歡照顧我們的寶寶

情緒　生氣+難過

我們試著想想看，在「情緒」和「事件」中間，妳的「想法」是什麼呢？是不是合理的？有沒有什麼具體的證據所以這樣想呢？當妳發現妳的想法是不合理的，負面情緒就會很神奇地開始減少，妳甚至有能力反駁自己的負面想法。所以我還是鼓勵媽媽優先把「事件、情緒、想法」寫下來，之後比較容易再次檢視，其次就是找個人聊聊、抒發一下，一定會有幫助的。

Chapter 3

情緒低落也有程度之分？

真正的「產後憂鬱症」只佔10％到15％，媽媽也可以上網搜尋「愛丁堡產後憂鬱量表」初步了解自己的狀況。

情緒低落和產後憂鬱的辨別

「產後情緒低落」發生率約為80％，可能在產後2~3天就出現，不只情緒起伏大，可能伴隨失眠、食欲不振等情況，不過大多會在2個禮拜內自然好轉，不必過度擔心。

而真正的「產後憂鬱症」發生率約10％至15％，通常在坐月子的第二週之後出現，另外也因為寶寶大約需要半年至一年的時間，才比較容易一覺到天亮，所以在產後3~6個月也是產後憂鬱發生率的高峰期，除了情緒低落之外，也可能時常不由自主的落淚、驚慌、煩躁，以及出現自我否定、想傷害自己的想法。

至於特別要小心的「產後精神病」，是媽咪開始產生幻覺，例如覺得旁邊一直有人在跟自己講話，也就是出現幻聽，或是媽媽認為自己的小孩被「掉包」了，或者說出「是外星人讓我懷孕的」這一類脫離現實的言談，就是罹患了「精神病」，也是近年來比較為人所知的「思覺失調症」。只是爆發的時間點在產後，我們稱為「產後精神病」，這種情況下，媽媽很可能會出現帶著寶寶尋死的極端行動，非常危險。

> **┃Point**
>
> 產後的情緒低落，依程度輕到重分為
> 產後情緒低落（想哭、煩躁）
> →產後憂鬱症（有自傷的念頭）
> →產後精神病（出現幻覺）

張簡心理師給媽媽的話

就算是心理師，也會有心情不好的時候，我想每個人一輩子至少都出現過一次「死了算了」的想法，但並不會真的採取行動。我自己也曾體會過失眠，邊吃飯、邊掉眼淚的經驗，當時就有人問我：「妳要不要吃藥啊？」我也察覺到自己的狀況，選擇先休個假讓自己放鬆一下。所以，找到適合自己的紓壓方式更重要。

當媽咪們因為照顧新生兒感到疲憊時，別忘了向家人朋友求援。

產後精神病的媽媽可能會出現幻覺或妄想，例如認為寶寶的父親是外星人之類。

每個人都能夠察覺到自己的狀態嗎？

其實並不是每個媽媽都會自己來就診，比例幾乎是一半一半，有時是家人發現媽媽很常哭，或是最近很常說些很沮喪的話；有時候是媽媽自己覺得狀況不太好，還是會因人而異。家人或朋友，應該能感覺到媽媽「跟平常不一樣」，可以的話，就多關心她，詢問「是不是最近太累了啊？」或者提供援助「帶寶寶很辛苦吧？我幫妳照顧一下。」等等，相信媽媽聽了這樣的話會倍感安慰。

如果說媽媽本身很想要解決長期情緒低落的問題，比如說她覺得現在過得很不開心、過得很混亂，或是覺得已經沒有自己的生活了，不少媽媽就會上網去找資料，也會發現，自己不是唯一一個有這種情況的人，所以，其實妳並不孤單，光是打個關鍵字「產後憂鬱」，就會有很多資訊出現。

可能會有人分享親身經歷，說她之前是怎麼度過的，透過這些分享，妳可以選擇適合自己的抒壓方式。有些媽媽之所以會猶豫不就診，就是因為她覺得只有自己會遇到這個問題，但其實媽媽在產後心情低落是非常常見的。

出現以下任何一種情況，
請到身心科或心理治療所就診

目前高齡產婦越來越多，我們也會比較擔心是不是媽媽體力上不能負荷而產生憂鬱的狀況。其實每個人都會有情緒低落的時候，但不是每個人都需要看醫生，但是，當這個情況已經影響妳的生活、妳已經失去進行日常活動的能力時，就需要去身心科就診。此外，憂鬱症的病情惡化，勢必會影響家庭生活，而且照顧憂鬱症患者的人，也容易情緒低落甚至引發憂鬱。

1 最近一週總是不快樂、想哭、煩躁

如果媽咪們自覺「最近一個禮拜內常常有驚慌、害怕、想哭、很煩、覺得自己無用」等想法，建議先上網搜尋董氏基金會提供的「台灣人憂鬱量表」，或是另外一份「愛丁堡產後憂鬱量表」進行自我評估，其中有「比以前容易發脾氣」、「容易睡不好」、「做事無法專心」、「對什麼都失去興趣」等項目，評估自己在過去一個星期中大約持續了幾天，以及總共符合幾項敘述，如果幾乎都勾選「常常」或「總是如此」，或是出現了「想傷害、殺害自己」的

新生兒照顧、生產傷口的不適，都可能讓產後媽咪情緒起伏變大。

想法，甚至已出現傷害自己的行為，請一定要到身心科就診。

2 當妳常有「感覺麻木、笑不出來」或「特別嗨、易怒」

感覺自己最近常常心情不好、笑不太出來、提不起勁、什麼事都不想做，老公和妳說話時，往往妳也沒什麼反應，可能嗯一聲就沒了；或者反應很遲鈍、遲緩，就要小心了；另外一種是，妳發現自己有點嗨，也特別容易生氣，情緒起伏很大，而且他人或自己都有感覺到和平常不太一樣。不妨問問自己：「上一次開心大笑是什麼時候？」

3 當妳開始不想照顧自己和寶寶

　　社會對媽媽這個角色的期待，有時候會令人喘不過氣來，有人會隨口說出「媽媽就是要好好餵母乳啊」、「當媽媽的怎麼連照顧自己的小孩都不會」、「小孩睡覺妳就跟著睡、小孩吃東西妳就跟著吃啊」，這些話其實是缺乏同理心的表現，對新手媽媽來說尤其不公平，因為沒有人在孩子一生下來就懂得如何照顧，不會因為身為女人就能無師自通，都是需要學習的。

　　所以，產後憂鬱特別容易出現在第一胎的時候，因為新手媽媽什麼都不知道，有時候網路上的資訊讓人看完就充滿壓力和恐慌，日積月累之下，如果媽咪已經不想要餵母乳、不想要抱自己的寶寶、也不想好好坐月子養好身體、不想吃東西甚至完全不想動，或者都不洗頭、洗澡、每天只想躺在床上，也不想照顧自己時，就是該求助身心科的時候。

4 當妳的食欲和睡眠產生明顯變化

　　這一點是媽媽自己可以很明顯感覺到的。有憂鬱情況的媽媽，不是「吃很多、睡很多」，就是「吃很少、睡很少」，兩個極端情況。我們應該都聽說過有些人心情不好會大吃大睡，有些人會說我根本不想吃不想動，就會直接影響到體重，所以，如果體重有急速減輕或增加時，也要小心。

　　睡眠的部分，例如媽媽有失眠或嗜睡的情況，這些狀況都屬於「睡眠障礙」，如果產後媽媽有這個情況，就要多問問自己「我是怎麼了？」

暴飲暴食的媽媽

沒有食欲的媽媽

嗜睡的媽媽

失眠的媽媽

▍Point

妳也有「睡眠障礙」嗎？

- 一天要睡 10~12 小時甚至超過 12 小時，且幾乎每天如此。
- 多夢，在夢裡感覺自己很疲累。
- 很難入睡。例如凌晨 4、5 點才睡著。
- 提早醒來。例如以為睡醒了，結果才凌晨 2 點，接著就無法入睡。

5 當妳出現自我否定、想傷害自己或寶寶

　　憂鬱的人有個核心的想法就是，覺得自己是沒價值的，覺得自己活在這個世界上沒有用，或是自認做錯很多事情，大抵上都是覺得自己不好。不過，即使是覺得自己「只剩下照顧小孩的價值」，那也是有價值的喔！但如果媽媽覺得自己連一個寶寶都照顧不好、很沒用，很強烈否認自我價值的時候，比如說出現「活著要幹嘛」的想法，就要小心。

　　還有，要特別注意的是，如果是出現「恨不得小孩消失」、「都是因為小孩害我變成這樣子」，思考能力跟專注力降低，出現選擇困難，或是講話常常恍神分心，反覆地想到一些死亡的念頭。

　　這些症狀在心情不好的時候都有可能會出現，只是程度上的差異，如果社交生活上面已經受到影響，也就是當妳沒有辦法好好照顧自己的時候，建議儘速就診。

張簡心理師小提醒

我們所看到的憂鬱量表，都是簡化的量表，雖然說可以自己透過量表去了解「我是不是需要求助了」，但是我們還是建議可以到諮商診所或是精神科去看診，讓專業的人員協助妳，畢竟每個人的情況都是獨一無二的。

很多媽媽都有完美主義的傾向，可能也搞不清楚為什麼自己要這樣要求自己，可能是很不喜歡被別人講閒話，或者有被別人指責過帶小孩的方式，或曾被說這樣做得不夠，那我會請媽媽想想看，那個「別人」對自己來說是不是很重要？如果真的要做到別人要求的標準，媽媽大概要花多少力氣去做，這樣做以後，對方就一定不會再抱怨了嗎？請媽媽在自己心裡衡量一下CP值。

請媽媽試著用加分的方式看待自己，不必一直去想怎麼還沒有到100分，我們從20分、30分、40分、50分，跟過去的自己比，而不是跟遠大的目標比較，試著學習樂觀這件事。

另外就是前面提到和人格特質有關，可是人格特質也可能因為經歷一個重大的事件之後有了改變，我會不斷鼓勵媽媽要看到自己的努力和進步，察覺很多想法是不合理的，這牽涉到認知治療的部分，透過改變認知，化解掉不合理的想法和信念。

嘿，媽咪～請對自己這樣說

「哪有人一開始就很會照顧小孩的，本來就需要練習」

「我覺得比起剛開始時，我好像越來越厲害了」

「我本來都不敢直接抱小孩，但現在我知道怎麼做了」

Chapter 4

第一次進行心理治療

走進心理治療所或身心科診所,好像為自己貼上了「精神病患」的標籤,但事實上,這並不丟臉,而是為了自己和家人所做的勇敢決定。

到身心科就診,又分為接受心理治療與藥物治療兩種,也有兩者並行的,以我們秀傳醫院的心理治療來說,還是需要先在精神科掛號,請精神科醫師評估過後,才轉介臨床心理師來進行心理治療。

至於求診的情況,有一些是家人希望媽媽過來的,因為有些媽媽本身的特質是自我要求比較高,總是會告訴自己撐得過去,相對來說,就比較沒有辦法接受自己生病了,而是家人先發現媽媽有異狀,建議她來就診。

接受心理治療?看精神科?
兩者差別是?

目前醫院除非有開立臨床心理師自費門診,一般醫院的看診還是會以精神科醫師為主。我們醫院是依健保收費,健保有所謂排程療程,就像復健一樣,療程卡為看一次診有固定次數的治療可做。若是沒有開立自費門診的院所,心理師的名字就不會出現在門診表上。

心理治療一般都會與藥物治療配合,所以如果個案同時有接受心理治療的話,就會安排剛好可以回來拿藥的時間,一起進行會談。那有人會問說去看精神科就是要吃藥嗎?其實並不是,通常醫生會判斷,並不是到精神科看診就一定是需要吃藥,也可以跟醫生表明自己並不想吃藥。有的情況是,醫生覺得吃藥對病情幫助有限,或者判斷是個性上的問題,導致在處理事情時壓力調適不過來,或需要找人談談,宣洩一下情緒及討論調適的方法等情

況，醫生會判斷需進行心理治療，就會轉介給臨床心理師。

當然也有只單獨進行心理治療、不拿藥的個案，在我們醫院，還是需要在精神科掛號，但主要是跟心理師會談，會產生一次看診的費用，如掛號費、診察費、部分負擔等等。

另外，也可能是心理治療中，心理師覺得妳需要藥物介入時，再轉介回門診，請醫師開藥。

心理治療的收費和時間長度

我們一般看到的心理治療所，就是屬於自費治療，也就是以臨床心理師看診為主，目前的費用大致為每小時 1400 元到 3400 元左右。一般安排心理治療，也會考量個案以及心理師雙方有空的時間，頻率約為一個星期一次，短期焦點式的心理治療會持續大概三個月的時間，是比較理想的狀態，但如果院所人力較不足、或求診人數較多時，也可能會是兩週一次，或一個月一次的頻率，也會考量到個人的需求和意願，有的個案可能要上班、上課，都可能會調整頻率。

第一次踏進會談室：妳可以放心說話

第一次會談的時間可能會比較久一點，也可能會聊到兩個小時，因為必須先了解一下媽媽整體的狀況，如果是以產後憂鬱這個主題，每個心理師的治療方法可能不同，我的方法是教媽媽調整思考的方式。

我了解到的情況是，很多媽媽其實從產前就開始有憂鬱的傾向，可能因為個性的關係，或者環境的問題，或者媽媽的原生家庭帶給她的一些影響，其他還有像是媽媽的支持系統不夠，比如說老公沒有辦法常常陪在她身邊，她也沒有可以求助的對象，導致準媽媽到了產

在會談室裡，憂慮的媽咪們，請放心說出心裡的感受吧。

179

後，問題就浮現出來，所以有時候原點可能不是第一次來會談時所闡述的表面事件，那個事件可能只是一個出發點，也就是一個壓力事件，因為「生產」本身就是一個很大的事件，所以加總起來才觸發了媽媽的憂鬱。

讓媽咪不再無助的方法①

所以我可能第一次會跟媽媽聊超過一般會談的時間，將媽媽的整個狀態釐清之後，我會告訴媽媽一個大致的方向，或是告訴媽媽具體可以用哪些方法去調整，比如說有些媽媽會抱怨老公都不幫忙，也有媽媽會認為「怎麼會是老公要幫我？這本來就是我們兩個人的事情啊」，那我可能就會跟媽媽討論，怎麼做可以讓老公主動協助我們，依照每個媽媽不同的情況而定。也曾經建議媽媽換個環境，比如說搬出原本居住的地方，或是向親朋好友求助，請別人幫忙分擔一些照顧小孩的時間；如果小孩大一點了，也可以送到托兒所，其實都是可以實質上做調整的。甚至有些產後媽媽會開始猶豫到底要不要回到職場、要不要請育嬰假等等，這些都可以討論。

讓媽咪不再無助的方法②

除了具體討論出怎麼改變、怎麼做之外，還有一種是由內而外的方式，也就是從媽媽的心態和想法上做調整，比如說有些媽媽的想法是比較悲觀的、比較負向的，我們就要和她一起試試看，轉換一下，我常會跟我的個案說：「妳的人格特質是我沒有辦法改變的」，因為通常憂鬱的人，本身就是很敏感的，會想很多，想得比較仔細，這是一個特質。所以，我所能努力的方向比較是怎麼把「想很多」這個特質轉化成對個案本身有幫助的，將這個特質轉變成優勢。

比如說，把「敏感」這個特質當成正向的解讀就是，比較未雨綢繆、事情可以計畫得很周全，或是讓人感覺特別貼心等等。因為這樣的人比較會去注意到別人在想什麼，相對體貼。另外就是因為考慮很周全，相對也會給人負責任的印象。把「想很多」轉換成是妳的武器，是妳厲害的地方，也可以說是妳的資源，就是「很擅長思考」這件事，只是要轉換態度，試著告訴自己：「我是可以去處理這件事的、我是可以想到辦法解決這件事情的」，要對自己有信心。

 一定要探索自己的內心嗎？

其實我們活著並不是一定要去探索自己的自我內在，有的人一輩子都沒有進過諮商室，但還是可以活得很開心，我的看法是，因為之前經歷過這件事情，要讓不愉快的、傷痛的經歷，變成成長的經驗，而不是成長的陰影，所以我們才需要反覆思考媽媽以前遇到的狀況，影響是什麼？現在比之前更好的地方是哪些？

我常問來會談的媽咪，妳想要被蛇咬了之後，就一直連草繩都害怕，還是妳要學會怎麼保護自己呢？會談是幫助妳找到方法保護自己，比如說不要去荒郊野外、不要去蛇多的地方，或者是學習被咬到要怎麼處理、怎麼求助，身上要帶什麼東西才不會被咬，那就是把可能變成陰影的部分轉為成長的養分。

但有些人並不想要討論這些，我也會予以尊重，等到對方覺得自己需要、準備好了再過來，那時，我們再試著聊聊看也很好。

對於抗憂鬱藥物恐懼的妳一定要了解的事

其實並不是踏進精神科就一定要吃藥，醫師會就每個人的情況及意願評估。有些病人病情較嚴重，會建議先使用藥物，可以得到比較快的抒解，等情緒較穩定之後，才比較適合單純進行心理治療。也有病人堅持不吃藥，那可能是對藥物的誤解（怕依賴成癮、怕傷腎等等）或對病情的不瞭解（其實某些症狀藥物的治療效果優於心理治療），所以一般會建議先來看精神科門診，讓醫師對病人的病情作進一步的評估後，再討論是否轉介心理治療。

吃藥是比較快的方法，但有些人會很介意，如果覺得心理會有障礙的話，就當成是治頭痛藥好了，妳想像一下在頭很痛的狀況下，怎麼有辦法去想好的對策呢？因為妳就頭痛得要死了啊，所以要先吃藥來緩解，之後再想該怎麼做。我認為這樣的方式比較好。

一旦開始服藥，一定要依照醫生的指示

藥物主要是可以讓媽媽放鬆、情緒穩定一點，因為大部分的時間媽媽可能都在一個緊繃的狀態，有一些抗憂鬱藥物能拉高媽媽的情緒，意思是從低落變得比較平靜一些，但特別要注意的是，如果妳開始使用精神科的藥物，一定要遵照醫生的指示，比如說媽媽因為情緒不太穩定，服用藥物是為了幫媽媽穩定情緒，需要一到兩個禮拜的時間持續服用，才可能讓藥物產生作用、達到穩定情緒的狀態，如果哪天不想吃，就自己停止服藥，有可能情緒又開始低落。當然，醫生也會盡力做好跟個案的溝通，不過，非常重要的一點就是不要自行亂加藥或停藥，一定要跟醫生進行討論後，才能調整藥物。

另外就是很多媽媽來進行心理治療時，她會很緊張說她現在還在餵母奶，所以很擔心吃藥會影響到寶寶，可是她又覺得自己真的很不快樂，因此還是來看診。醫生在開藥時，也會考量藥物是否會影響到媽咪哺乳。

關於藥物的副作用，大家還是會擔心，不過服藥後反應也不太一樣，還是要看哪一種藥，然後確實跟醫生討論，一般大眾的想法就是抗憂鬱、抗焦慮的藥物會讓人想睡覺，那是因為一般人在睡覺的時候是最放鬆的，所以那

些藥會有這樣的效果，讓人比較沒有力氣去想負面的事情，但如果過頭了，變成整天嗜睡、無力做其他應做的事情，代表藥物副作用已經高於藥物的效果，就應該再和醫師討論是否進行調整或換藥。

千萬別對憂鬱媽咪說：妳是不是又忘記吃藥？

　　比較常會遇到的是，病人在發脾氣或情緒低落時，身為家人的你可能就會直接說：「妳是不是沒有吃藥？」其實一般人每天的情緒都會有所起伏，無關有沒有吃藥。應該學習的是要多陪伴、多傾聽，多去分擔、接受病人的情緒，與病人一同去察覺自己情緒的來源。

　　對於有服用藥物的媽媽，我會希望能建立對藥物的正確觀念，引導及提醒要對自己的情緒狀況有更好的瞭解，知道自己情緒的來源，知道藥物對自己的影響是什麼，然後就是遵從醫囑，每次回診時都能提出自己或家人的觀察，才能讓醫生做更好的判斷。

張簡心理師小提醒

　　坦然接受自己在服藥的事實，瞭解藥物可以說是一種能幫上忙的工具，不需要因為有在服用藥物就覺得自己低人一等，藥物讓病情穩定之後，才能有力氣去調適自己人生觀、價值觀，之後才能往 EQ 高手的方向去邁進。

Chapter 5

別放棄急救！神隊友養成計畫

不管是媽媽自己的負面想法，或是旁人用錯方式關心，都可能反而讓媽咪陷入低潮。找對方法，媽媽開心，大家都好過（誤）。

隊友其實有無限可能！四個方法打造神隊友

成為父母之後，每天都有新的體會，學習新的技巧，讓我們都變得更強大吧！

摸摸頭策略、同理心

人人都需要被瞭解、被稱讚跟被感謝，另一半可以思考「假如是我也遇到和妳相同的狀況，我會怎麼樣？」學習理解對方當下的感受跟情緒，並試著表達出來，例如「當媽媽在抱怨今天帶小孩很累」時，另一半可以做的事：

❶ 安撫、同理媽媽：「寶寶今天怎麼這麼壞，那妳今天一定過得很辛苦」或「那妳今天一定都沒睡覺」

❷ 提出解決方法：「很累吧？那換我來顧一下」這時候，媽媽不妨在內心告訴自己辛苦了，並稱讚另一半：「哇！你越來越熟練了耶！真的很棒！」或是表達感謝：「謝謝你對這個家的付出！」

召開家庭會議

若另一半或家人是能溝通、願意改變的，開誠佈公的提出需求，並予以討論，是很好的辦法，列出所有事務，和伴侶共同腦力激盪後再進行完整的規劃與分配，例如：

• 擬出優先順序：重要的、必要的先做。

• 專責：固定分配給某人，如半夜餵奶、洗澡各是哪一方負責。

• 列出可替代事項：如「餵母奶」就無法替代，但溫奶、餵奶是雙方都能做到的。

● 所需時間：需一次性完成或可分段完成，例如洗奶瓶、洗寶寶包巾等。

　　沒有人天生就會當父母，一切都是經由學習的經驗而來，瞭解如何做之後，需要不斷的練習才能熟悉，別給自己太大的壓力，一定會漸入佳境的。

分工合作

　　可以將事情切分成數個步驟、逐步讓另一半參與。例如泡奶粉，媽媽先分裝好每次泡的量，甚至連熱水的水溫都注意好，爸爸只要負責倒水下去、把奶粉跟水搖勻；或者是媽媽負責前面的作業，爸爸負責餵小孩就好。這是一個很好用的方式，把事情先拆解，並且試著很清楚地跟對方說他負責什麼部分，例如分成5個步驟，媽媽負責步驟1、2、3，爸爸負責步驟4、5，長期下來，彼此之間都會有「寶寶的事就是我的事」的自覺。長久下來爸爸也才會有「寶寶的事也是我的事」的責任感。

談心時間

　　新生命誕生後，夫妻雙方都會有壓力，兩人都經歷到生活上的轉變，承擔的責任更加重大，意味著要放棄的東西也更多，忙完一天的事情後，短暫的睡前談心非常重要，不一定要說不好的事情，也可以分享生活中的小確幸，或者抱怨完得到情緒抒發之後，也要關心對方今天一天的生活跟感受，互相打氣。

　　另外，前一晚先計畫好隔天的生活節奏，記下待辦事項及規劃處理的順序、時程，對於可能遇到的困難，預留處理突發狀況的時間，兩人一起討論解決的方法，總比一個人傷腦筋好。何況神隊友也不是一天造成的呀！

　　此外，晚餐時間也很好，但現在大家都各自看各自手機，那我們就可以安排一天有個時間，聊今天彼此過得如何，分享今天的經歷和心情。那因為每個人每天狀況不一樣，比如說我今天狀態較ok，我可以聽老婆說，哪天我比較不ok時，老婆可以聽我說。

長輩與隊友必備！地雷句秒變暖心話！

老生常談→分享經驗

「我以前把妳們養大就是這樣，現在知道辛苦了吧！」

「我之前有試過這種方法，妳要不要參考看看？」

「我有在網路上看到○○方法，我們來討論一下吧！」

指責及下指令→表示協助

「為什麼小孩又哭了？」

「怎麼不給小孩穿衣服？」

「妳沒有餵奶嗎？妳沒有換尿布嗎？」

「搞不好是尿布濕了，妳摸摸看有沒有濕？」

「看時間可能是肚子餓了，我去溫奶！」

「寶寶可能需要人家抱，換我來抱吧！」

有老公在真好！

NG！這幾句話絕對別對媽媽說

「小孩就比較黏妳嘛！」

「這是媽媽應該要做的啊！」

「小孩睡妳就跟著睡就好了啊！」

（媽媽此時已大翻白眼）

二寶媽怎麼照顧兩個寶貝，才不會讓大寶吃醋呢？

　　坐月子都這麼累了，還要自己照顧兩個小孩！天啊～希望大家都不會遇到這樣的狀況。但如果遇上了，還是得面對呀！我會建議，以兩個孩子的年齡差距來區分照顧方式：

大寶、二寶年齡差距小於2歲：

　　如果年紀相近，大寶也還在需要照顧的時期，甚至是會四處搗亂趴趴走的狀況時，建議將兩寶的生活習慣儘量調整到一致，可以一起洗澡、一起吃飯等等，一方面是增加兩寶間的互動，一方面則是可以減少照顧者的負擔。

　　具體來說，要如何增加孩子之間的互動呢？很重要的是透過「言語的引導」。

- 媽媽可以對大寶說：「弟弟剛出生，你剛出生的時候也是這樣，好小，需要人家好好照顧」「媽媽在幫弟弟換尿布，你幫忙媽媽拿衛生紙好不好呢？哇，你好棒，你有幫忙！」

- 媽媽可以對二寶說：「你看！哥哥/姐姐跟你一起洗澡耶！」「哥哥之前也跟你一樣小小的喔～」「哇，你看哥哥好棒，會自己抹肥皂，哥哥會自己拿奶瓶，很棒對不對，你以後也要學會這樣唷！」

　　就算大寶二寶都還很小，無法聽懂你的話也沒關係，讓大寶感受到二寶的眼光注視，也可以鼓勵大寶協助照顧二寶，並給予肯定，這些都可以讓大寶產生成就感，也讓二寶可以感受到大寶的善意。

大寶、二寶年齡差距超過2歲：

　　大寶已經比較有自己的想法及口語表達能力時，會覺得媽媽的愛被分走了。除了上述讓兩個孩子多產生互動的作法以外，還要適時同理大寶的感受，幫忙大寶說出自己心中不開心的原因，或是引導大寶培養其他興趣，而不是一整天只想黏在媽媽身邊。

　　我們家大寶就曾經說過：「弟弟出生以後，媽媽都比較疼弟弟！」但大寶也曾經獨自享受過一年多媽媽的關愛呀！媽媽們，千萬不要被「公平」這個詞限制住了，畢竟大寶二寶光是出生時間的差異就已經是不公平的了。媽媽不需要過度要求自己。

　　要特別注意的是，不要覺得大寶很乖、不吵就好了，別視大寶的好行為是理所當然而忽略了他，否則很容易演變成「會吵的小孩有糖吃」的窘境！我們能做到是公平的看到每個孩子的好表現，並給予肯定鼓勵。

成為媽媽以後，我的心情是……

PART 4

吳宗樺醫師

寫給妳的新生兒
照護重點 Q&A

寶寶誕生了！充滿哭聲與笑聲的旅程也就開始啦！為了
確保寶寶健康長大，新手爸媽們，先來認識新生兒照顧
的必學知識和方法吧！

Chapter 1

認識新生兒的成長與作息

終於和肚子裡的寶貝見面了！面對這個嶄新的世界，寶寶除了哭以外，還能感覺到什麼呢？或者，有些什麼反應？爸媽們，一起來了解吧！

認識寶寶 0~3 個月的身心發展

不少媽咪看見寶寶的第一眼 OS 是：「咦？這就是我的寶寶嗎？」因為寶寶看起來活像個小老頭，皮膚因為剛離開濕潤的羊水環境而皺巴巴的，上面還附著一層看起來像油一般淡黃色的「胎脂」。別擔心，胎脂是保護寶寶的「天然護膚霜」，而皺巴巴的皮膚也會因為水分退去而慢慢恢復正常。

寶寶的體重變化

寶寶剛出生時的體重約 2.5～4 公斤左右，出生一個月後體重大約會增加 1 公斤，到四個月大時，一般來說，體重會來到出生時的兩倍，但還是會因人而異，如果出生時體重就頭好壯壯逼近 4 公斤的寶寶，相對來說體重成長速度會慢一些，而男寶寶也會比女寶寶稍微重 0.5 公斤左右。

寶寶的頭部發育

剛出生時，寶寶因為頭骨還沒發育完全、頭部摸起來很軟，所以每次抱起寶寶前，請先用手支撐寶寶的頭，並小心避免受到碰撞。寶寶的頭部前後有「前囟門」和「後囟門」，是骨頭與骨頭間的縫隙，囟門的功用有二，一是提供頭骨之間可供擠壓的彈性，讓生產時順利產出；其二是囟門之間的縫隙，也提供了 1 歲前的腦部有足夠的成長空間需求。寶寶約一歲半時，前後囟門就會閉合完成，所以在這之前請特別小心碰撞，而囟門過早或過晚關閉都是不正常的，請帶給小兒科醫師評估。

寶寶的視覺

出生1個月內的寶寶，視力還很模糊，不太能對焦，大概只能看見20～30公分內的物體以及辨別黑、白兩色。當滿月之後，寶寶會對光線越來越敏感，也能辨別顏色，目光也會漸漸能隨著眼前的物體移動而移動。

寶寶的聽覺

在媽媽肚子裡時，寶寶的聽覺就開始發展，所以出生時的聽覺已經成熟，可以辨別聲音來源的方向，甚至可以聽見細微的聲音。而當寶寶被周圍太大的聲響嚇到時，可能會出現皺眉、兩手握拳、不停哭鬧的反應。

寶寶的嗅覺

剛出生的寶寶已經可以辨識媽媽身上的味道了，討厭某種味道時，也會以別過頭來表示。這時候家長要避免讓寶寶接觸到含有人工香料的製品，以免過於刺激寶寶的嗅覺。

寶寶的味覺

在寶寶出生3天後，味蕾就能分辨酸、甜、苦的味道，不過味覺主要的發展期會落在出生後四個月，也就是開始吃副食品之後。

吳醫師小提醒

寶寶出生滿一個月後，就可以從氣味、聲音、臉孔來辨別如爸爸、媽媽等經常親密接觸的人。

寶寶的觸覺

觸覺也是寶寶認識世界的重要方式之一，爸媽可以多讓寶寶感受不同觸感的物品，例如幫寶寶擦口水時，可以簡單說明例如紗布或純棉等觸感的差異，雖然這時，寶寶可能還聽不懂，但是可以多讓寶寶去感受。

觸覺是寶寶認識世界的重要方式之一。

寶寶的四肢

當寶寶的四肢不動時，手腳都會呈現彎曲狀，腿部會呈現O型腿的狀態。兩個月後的寶寶，開始可以鬆開雙手，並且會開始把玩自己的手指頭，也開始會把腳伸直，出現踢來踢去的動作。

寶寶的情緒

剛出生的寶寶無法用哭泣以外的方式表達自己的需求，所以任何身體不舒服都會以哭來表達。可能會發現寶寶明明才剛喝完奶呀，怎麼又哭了？這時候他可能不是肚子餓，而是希望獲得安撫，此時媽咪可以幫寶寶在腹部以順時鐘方向輕輕按摩，或是抱著寶寶在家裡走走。寶寶出生兩個月後就會微笑了，這個笑是有意義的，當寶寶笑，父母也回應笑容，建立寶寶的初步社會互動能力。

家長平常就要多和寶寶互動，別讓寶寶腦內建立起「只有我哭的時候才會注意我」的連結喔！

COLUMN

寶寶的原始反射

反射動作是指無法由大腦控制的反應。三個月內的寶寶有幾種明顯的反射動作，寶寶基本的幾個反射動作有尋乳、抓握、驚嚇反射等等。

「尋乳反射」是當有人把手指頭或東西放在寶寶嘴巴附近時，寶寶會自然地張開嘴巴或用嘴巴碰觸，以及出現想要吸吮的反應，當寶寶肚子餓時會更明顯。

「抓握反射」則是當我們用小物件或手指頭去接觸寶寶手掌時，寶寶會自然去緊握接觸到他手掌的東西。

「驚嚇反射」在一個月大時最強烈，在沒有受到外界刺激時，偶爾會出現抽動或揮舞的動作，例如寶寶在睡覺時，小手和身體有時會忽然抖動，甚至在睡眠時被自己的手打到而醒來，這些都是正常的。

大約在4個月之後，由於寶寶腦部逐漸發育成熟，這些動作會慢慢被抑制，由更成熟的神經肌肉動作取代，到一歲半左右，原始反射就會幾乎消失。如果寶寶的反射動作很微弱，爸媽有疑慮就可以帶寶寶至小兒科就診，交由醫師來診斷。

寶寶作息讓人傷腦筋？
了解寶寶的飲食、睡眠與清潔

寶寶的飲食

寶寶出生後，就可以練習吸吮母乳。在寶寶四個月大之前，如果媽咪的身體狀態、母乳分泌量充足，寶寶主要的營養還是會以媽媽提供的母乳為主，母乳提供的免疫球蛋白不但能提升寶寶免疫力，吸吮的動作也有促進寶寶口腔周圍的肌肉均衡發育，而喝媽咪ㄋㄟㄋㄟ的過程，寶寶則能感受到媽咪的體溫、氣味等，是和媽咪建立親密感非常重要的時刻。

不過，如果產後母乳量分泌還不足時，可以先以部分配方奶替代（哺餵母乳與配方奶的詳細說明請見第198頁～和第208頁～）。

0~6個月寶寶的飲食階段表

時期	喝奶量	
出生一週內	每天喝的量不多，一天喝10～50 C.C.都有可能。	新生兒的睡眠需求量很高，可能常常喝一喝就睡著了，不必刻意叫醒寶寶，因為寶寶一旦餓了一定會哭鬧。
出生1週～3個月寶寶	隨著體重上升，喝奶量也會跟著逐漸增加。	可由每公斤體重換算攝取100～150C.C.奶量來估算寶寶每天需要的奶量，或是透過尿布觀察排泄狀況了解寶寶吃飽沒。 【詳細說明見第203頁】
出生4～6個月寶寶		可能出現厭奶期，喝得比三個月大時還要少，也正是可以讓寶寶開始接觸奶水以外的食物（剛開始會將食物磨成泥狀並加入大量的水）的時期。

寶寶的睡眠

寶寶出生三個月內，每天大約需要至少14～17小時的睡眠，有時一天可以睡上20個小時，而且睡眠的次數不太一定，也不太會受到日夜影響。

媽媽會發現寶寶幾乎是喝奶完就呼呼大睡，甚至喝到一半就睡著了，一天會重複好幾次這個循環。不過也因為這樣，媽咪會因為寶寶的作息感到非常疲倦，更有可能會被寶寶半夜的哭聲驚醒，很難好好睡上一覺。

為了將寶寶的作息慢慢調整和成人越來越同步，建議爸媽在寶寶滿月後，明確幫寶寶建立「當室內暗下來的時候，就是要睡覺的時候」的認知，夜間哺乳時，儘量維持室內昏暗的燈光。

寶寶的身體清潔

很多媽媽會問我，寶寶需要每天洗澡嗎？寶寶的皮膚很脆弱，可不可以只用清水洗就好呢？關於幫寶寶洗澡的問題，我建議可以把握以下幾個原則：

- 頻率：新生兒的皮膚比較脆弱，一般情況下也不太會髒，1～2天洗一次澡即可。
- 力道：一切動作都要輕輕慢慢地，避免寶寶受到驚嚇後晃動而發生危險。
- 部位：注意清潔寶寶皮膚的皺褶處，是比較容易藏汙納垢的地方。
- 用具：新生兒可以用清水洗澡即可，若需要選擇嬰兒洗髮精或沐浴乳，挑選酸鹼值中性，少量溫和且無添加香味的產品。

CHECK！幫寶寶洗澡前的準備

☐ 浴盆1個，裝入約38～42度的溫水　　☐ 紗布巾2條

☐ 屁屁膏或嬰兒護膚膏　　☐ 沐浴床或浴網1個

☐ 嬰兒用沐浴精、洗髮精（可略）　　☐ 換洗衣物1套

☐ 浴巾1條　　☐ 尿布1個

- 可以購買具有防止寶寶滑落設計的浴盆，就不用全程用手托著寶寶。

1 先洗臉

　　用一隻手托往寶寶的身體，或者將寶寶放進可以支撐身體的浴盆中，但記得手要持續托著寶寶，避免危險。把紗布巾打濕，利用紗布巾的四個角來擦拭不同部位。第一，擦拭寶寶的兩隻眼睛周圍、眼皮；第二，擦拭鼻子；第三，擦拭嘴巴周圍，輕抹一圈即可；第四，利用紗布巾中間部分擦拭額頭、臉頰、下巴。接著將紗布巾翻面，由內而外擦拭耳朵。

2 再洗頭

　　先用手將寶寶耳朵輕輕蓋住，避免水滲進去，接著使用另一條紗布巾，將紗布巾整個打濕，輕輕抹濕頭髮，再將嬰兒洗髮精抹上頭髮，輕抹幾下，有點起泡就可以，接下來用清水淋上頭髮、洗去洗髮精，再將紗布巾扭乾，輕輕擦乾寶寶頭部。

3 要洗身體囉

　　將浴網放入浴盆中，一隻手托在寶寶的頭部及身體後方，將他放在浴網上，手必須持續托著，先讓他的屁股接觸到水，適應一下水溫，讓他知道現在要洗澡了。接著由上往下，用手指輕擦過寶寶的脖子、腋下、手臂、手掌，接著擦過肚子、鼠蹊部皺褶處、大小腿、腳掌。接著輕輕幫他翻身，翻身時，注意要持續撐著脖子。翻身後，寶寶手臂順勢掛在媽媽手上，接著輕擦過背部全身，尤其是頸部皺褶處，最後，擦洗私密處由前往後（肛門處）輕擦即可。

4 墊上尿布

　　洗完澡囉！接著將浴巾墊在平坦的平面上方，用浴巾輕輕擦乾寶寶的身體後，將尿布墊在屁股下方，塗上屁屁膏（預防寶寶因為悶熱和磨擦長出尿布疹），包上尿布，接著調整好尿布的側邊，讓雙腿可以舒服的伸展，完成！

Chapter 2

新生兒哺乳、睡眠與異常狀況 Q&A

本章從如何餵母乳、如何知道寶寶吃飽了，到新生兒門診的常見疾病，全都為媽咪們解惑！

哺餵母乳的媽咪最常問

生完寶寶後，媽媽要忍耐傷口的疼痛、子宮收縮痛，又得拚命擠出奶水給寶寶喝；而當奶水不夠時，媽媽們不免驚慌又自責，真的很辛苦！產後第一週確實會帶來很大的衝擊跟考驗，尤其是體質比較難立刻分泌出充足奶量的媽咪，這時更需要護理師的協助。

初為人母，當然會有許多的疑惑與不解，以下就讓我們一起來看看吧！

Q1 寶寶出生當天就可以喝母奶了嗎？

什麼時候可以開始餵母乳？其實，生完寶寶大約四個小時後，就會請媽媽試試看親餵母乳，但不是強制性的，要視媽媽乳汁分泌的狀況、身體復原的程度、個人意願、寶寶的狀況而定，等到雙方都比較穩定之後，護理師就會嘗試把新生兒移動到媽媽旁邊，讓寶寶開始練習吸吮初乳，也讓媽媽試著照顧寶寶，也就是我們常聽醫護人員說的「母嬰同室」。一般大約2～3小時就需要餵次母乳。

Q2 喝母乳的優點是什麼？不餵母乳也可以嗎？

母乳對寶寶的好處

- 母乳富含乳鐵蛋白、β胡蘿蔔素等營養，也比市售的配方奶好消化，其中還含有幫助營養素吸收的酵素，寶寶就不容易發生腸絞痛或脹氣。尤其，媽媽的初乳（產後7天內分泌的母乳）含有大量免疫球蛋白，進入寶寶腸道後會附著在腸子的黏膜上，對抗病菌和病毒，提升寶寶的免疫力。
- 吸吮母乳還可以促進寶寶的口腔運動，使寶寶的牙齦強壯，以及幫助寶寶

舌頭、臉頰、唇部等肌肉均衡發育，有雕塑臉型的功能，另外，因為吸吮母乳對寶寶而言其實比用奶嘴喝奶費力，所以還能增強寶寶的耐力。

- 在吸吮母乳過程中，寶寶和媽咪的身體非常貼近，寶寶在此時得到的溫暖、滿足感，有助於寶寶長大後對人產生信任與愛的感受。

哺餵母乳對媽媽的好處

- 哺乳可以增加每天消耗的熱量多達500大卡，大約等於一位身高160公分、體重50公斤的媽咪慢跑35分鐘所消耗的熱量，可以說是產後媽咪減重的最佳選擇。

- 哺乳期的媽媽因為荷爾蒙的變化，會自然地不太想和先生有性行為，可以視為幫助身體爭取到完整休息的機會。因為如果在產後半年內，身體還沒得到完全的復原又再度懷孕，對媽咪的身心而言都會非常辛苦。

- 寶寶吸吮乳頭時，會刺激媽咪的子宮收縮，可以減少產後大出血的危機，以及幫助媽媽的身體排出惡露。

- 研究結果顯示，有哺餵母乳的媽媽罹患心血管疾病的機率較餵配方奶的媽媽低14%、罹患乳癌機率更大大降低了25%。

母乳的樣子

　　剛擠出的初乳，看起來會比較濃稠，也會比較黃，這是因為初乳富含β胡蘿蔔素，看起來接近果汁牛奶的顏色，不過一週後就會變得比較接近乳白色。雖然母乳看起來比配方奶還稀，外人可能會懷疑「母乳真的這麼好嗎」？但其實裡頭充滿了寶寶所需要的營養，所以請不要「以貌取奶」。

　　另外，母乳可能會出現脂肪分離的現象，看起來就像分成兩層，上層

吳醫師小提醒

媽媽辛苦了！餵寶寶的次數多了，有時會發生乳頭或乳暈因為寶寶吸吮而裂傷滲血的情況，當母奶混著血液，也就是俗稱的「草莓牛奶」，讓寶寶當下喝掉是沒問題的，但不建議再冷藏或冷凍貯存。

黃，下層清，是正常的，不必驚慌，只要在餵寶寶前輕微的搖晃，使脂肪混合均勻就可以。

吳醫師真心話

有些寶寶喝過配方奶就回不來了，覺得母乳不好喝，有點像我們喝過含糖飲料以後，很難回到白開水的狀態。不過我也遇過寶寶就是不喜歡喝配方奶的，只喝母奶，所以也是因人而異。如果媽媽奶量真的不足，可以和配方奶搭配運用，等到找到了提升奶量的方法再調整回儘量全母乳的模式。

Q3 媽媽該怎麼用手擠奶呢？

❶ 將雙手清潔乾淨。

❷ 準備消毒過的容器。

❸ 舒服的站或坐著，一隻手拿起容器靠近乳房，放在乳頭兩側約一指寬的乳房上，另一隻手的大拇指和食指撐開如 C 型，其他手指托住乳房。

❹ 將大拇指及食指輕地按壓乳房，往胸壁壓，但要避免壓太深，會阻擋乳汁從輸乳管排出。反覆壓、放多次。

❺ 一開始可能有奶水流出，但是擠壓幾次後，奶水會變成一滴一滴滴出，奶水量多的媽咪會看見如泉水湧出的奶水。

❻ 以相同方式擠壓乳量兩側，確定奶水由乳房各部位被擠乾淨了。

Q4 怎麼餵寶寶喝母乳呢？

哺乳有以下四種基本姿勢，產後媽咪選擇自己喜歡或習慣的就可以囉！

1 側臥式

適合媽媽半夜餵寶寶時。可利用小毛巾或枕頭讓寶寶的嘴巴和媽媽乳房高度一致。

2 半躺式

媽媽維持最放鬆的狀態，只要頭微微抬高，讓寶寶能完全趴在媽媽身上，用最自然的方式讓寶寶吸吮。

3 橄欖球式

特別適合剖腹產媽媽的姿勢，寶寶夾在媽媽腋下，盡量避開傷口，用靠近哺乳乳房那側的手臂托住寶寶，另一隻手的虎口處撑住寶寶的脖子後方來哺乳。

4 搖籃式

媽媽靠著椅背或床頭，將寶寶橫抱在腿上或哺乳枕上，寶寶的頭靠在哺乳乳房那一側的手肘內側，以該側手臂撑住寶寶，另一側的手輕輕托住乳房，讓寶寶輕鬆吸吮母乳。

Q5 母乳不夠多怎麼辦？

當母乳不夠時，寶寶在旁邊一直哭也不是辦法，媽媽就可以選擇用配方奶來輔助，轉變為以餵母乳之外，當寶寶因為沒吃飽而哭鬧時再餵配方奶的模式。以下則是有助母乳分泌的幾個祕訣！

把握休息時間

媽咪的身體狀況和情緒都會影響泌乳量，雖然並不容易，但媽咪要把握時間休息，並和家人討論、共同分擔照顧寶寶的時間。

飲食均衡、多補充水分

因為母乳主要由水分、脂質和蛋白質構成，所以媽媽的飲食上要多攝取2份蛋白質（1份蛋白質＝1顆蛋＝半個手掌大的魚肉或瘦肉＝240c.c.牛奶），也可以在哺乳前補充200～300c.c.的水分，例如喝點豆漿、黑豆水或泌乳茶。此外，攝取新鮮的蔬菜、水果，讓營養更全面。當媽媽身體的營養充足了，才能再提供給寶寶。

媽媽在哺乳前可補充200～300c.c.的水分。

讓寶寶多吸奶

借助寶寶吮吸的力量來按摩乳暈，同時刺激乳腺泌乳，而且每次儘量讓寶寶充分把乳汁吸乾淨。

Q6 哪些狀況要停止餵母乳？

依台灣兒科醫學會提供的資訊，以下情況不適合哺餵母乳：

寶寶的狀況	患半乳糖血症、苯酮尿症等代謝疾病的寶寶
媽媽的狀況	患愛滋病者 正在接受化療者 服用特殊藥物者（請與小兒科或婦產科醫師討論）

● 喝酒並非哺育母乳的絕對禁忌，但媽媽應儘量不喝酒，喝酒每天不宜超過每公斤0.5公克酒精。例如對60公斤體重的母親而言，大約相當於2個罐裝啤酒，如果是體重低於60公斤的媽媽，攝取量就必須更少，並且喝酒後至少要間隔2小時以上，才能餵哺母乳，以免寶寶透過乳汁吸收到酒精，影響成長發育。

餵奶的一般問題

Q1 怎麼知道寶寶吃飽了？

可以從寶寶的反應和寶寶的排泄量兩個方面來觀察。

寶寶剛出生的24小時內，喝母奶的寶寶大約每2~3個小時就要餵一次，而配方奶因為消化得比較慢，所以每3~4小時再餵一次。如果寶寶沒有吃飽時，會出現「吐舌、嘟嘴、舔唇、吸手」這幾種動作，代表著寶寶正在尋找媽媽的乳頭，也就是「尋乳反應」，如果常常發生，就可以考慮每次增餵5~10c.c.的奶量給寶寶，視情況慢慢增加奶量，寶寶會從剛出生每次喝10~20c.c.的奶量，到一個月大左右時，每餐就可以喝到100c.c.左右的奶量。

另外，也可以觀察寶寶排泄的狀況來確認寶寶是否吃飽，一般而言，寶寶出生一週內，每天有解3次約50元硬幣大小的黃色便，而出生一週以上的寶寶，爸媽每天有收穫沉甸甸的6包尿布，就可以確定寶寶吃飽了。

常有媽媽問我，寶寶喝奶喝到睡著了，是因為寶寶已經吃飽了嗎？只能說不太一定，有時候媽媽親餵的姿勢不太正確，寶寶無法順利喝到足量的奶時，也會吸到累就睡著了，不過不用刻意叫醒寶寶。另外就是如果喝奶時間到了，寶寶還是在睡覺，這時也不用刻意叫醒寶寶，因為每個寶寶的睡眠需求不同，但如果觀察寶寶的排泄量過少時，就必須叫醒寶寶喝奶囉。

當寶寶喝奶意猶未盡（沒吃飽）時，就會出現吸手手的動作。

Q2 寶寶喝完奶後要拍背？

拍背主要是讓寶寶打嗝，避免寶寶吃進太多空氣發生脹氣跟溢奶，不過要避免脹氣跟溢奶，不只是喝完奶拍背就好，也和奶嘴孔洞大小、寶寶喝完奶後的照顧有關。

如何挑選奶嘴的孔洞大小？一般4個月之前的寶寶，適合圓孔、小洞的奶嘴，吸吮較不費力、流速較固定，而寶寶出生4個月後，就可以用有十字形或Y字形的奶嘴，此時的寶寶已經可以透過吸吮控制奶水流量。餵奶的時候寶寶能夠以45度角含住最好，不要讓寶寶邊喝邊吸進空氣。

4個月前的寶寶建議使用圓
孔、小洞的奶嘴

4個月後的寶寶可使用十字形奶嘴或Y字奶嘴

　　再來是寶寶喝奶後的照顧，當寶寶喝完奶之後，我們不要太快讓寶寶平躺，比如說我們可以採直立式的抱著寶寶，把手握成杯狀，輕拍寶寶的背，背是指哪裡呢？就是拍寶寶脊椎骨的兩側、由下往上，可以是滑行或震動的方式，不是用力的打喔！慢慢地，寶寶就會出現打嗝、排氣反應。

　　就算是媽媽親餵的狀況，也可能讓寶寶邊吸奶邊吸進很多空氣；或者寶寶喝奶時不專心，也會吸到空氣。

　　不過，還是以奶瓶餵奶而吸到太多空氣的情況居多，所以如果不是媽媽親餵，而是以瓶餵為主的寶寶，建議還是要拍到打嗝會比較好，也有聽過媽媽拍一個多小時寶寶才打嗝的，真的很辛苦又要很有耐心，不過建議如果拍了20分鐘，寶寶還是沒有打嗝或排氣反應，媽媽可以休息一下，也讓寶寶休息。

幫寶寶拍背時，順著寶寶脊椎骨兩側，由
下往上滑行或震動，可以防止寶寶脹氣。

Q3 寶寶可以喝隔夜的母乳嗎？

可以的，尤其上班族媽媽、奶水量較多、不能即時親餵的媽媽，都會面臨奶水貯存的問題，母乳的保存有其條件，擠出奶水後，特別要注意的是使用適合的保存容器，推薦使用母乳袋或者玻璃瓶，母乳袋可選擇通過SGS檢驗、無塑化劑的產品，設計上選擇有夾鏈、袋身較厚的，較

奶量多、上班族媽媽特別需要預先擠出母乳貯存。

不易破漏；如果是以玻璃瓶保存母乳，則有方便重複使用和可高溫消毒清潔的優點，媽咪們可依使用的時間點和自身需求來選擇。冷藏的母乳可以放3天，冷凍的母乳可以放3個月，要喝時再溫熱即可，但解凍後的母乳必須當次喝完，不可再次放回冷藏或冷凍以免變質。

母乳的保存方法

儲存方式	新鮮母乳保存時間	從冷凍室取出退冰的母乳保存時間	經過溫熱水解凍的母乳保存時間	備註
室溫25℃以下	6～8小時	2～4小時	立刻食用	高溫容易滋生細菌，室內開著冷氣會比較好，母乳若放置在高於25℃的環境，請務必放入加蓋容器中。
冰箱冷藏室（0~4℃）	5天	24小時	4小時	• 在容器外標上放入冰箱的日期和時間，才不至於和後來冰進去的奶水搞混。
冰桶（−15℃到4℃）	24小時			• 如果是放入冰箱，儘量放置在深處，以免因為冰箱門開開關關而受影響。
冰箱冷凍區（小冰箱）	2週	不可再放入冷凍		• 奶水要避免反覆退冰又冷凍，容易因為溫度變化而變質。從冷藏或冷凍室取出後，要以隔水加熱方式，不可以直接加熱，母奶回溫至接近體溫即可，可以滴在手腕上測試，並且不要加熱超過60℃，否則會破壞更多裡面的營養成分。
冰箱獨立冷凍室（大冰箱）	3個月			

※如果是身體較虛弱、生病或是早產兒寶寶，母乳的保存可改用「333原則」，也就是室溫（25℃以下）3小時內、冷藏3天內、冷凍3個月內食用完畢。

媽媽經驗談　說到哺乳，能每次都親餵當然是最好啦！有時候會羨慕奶水很多的媽媽，不只省下奶粉錢，還省了每次洗擠乳器配件的時間，畢竟每次用完都很怕如果洗不乾淨，會害寶寶喝到細菌，不要想說只是洗東西好像沒什麼，當妳追奶追得很辛苦時，每次用完擠乳器和奶瓶都要徹底清潔，真的還蠻崩潰的！

Q4 塑膠奶瓶安全嗎？怎麼挑選？

挑選奶瓶時，媽媽可以參考奶瓶的「容量、口徑、材質、價格」來進行選擇。

容量上，可以先買「四個大奶瓶、兩個小奶瓶」備用，寶寶雖然剛出生的食量小，用小奶瓶即可，不過有些寶寶滿月後，一餐就可以喝下超過一個小奶瓶的量，屆時小奶瓶可以做為喝水用、大奶瓶餵奶用，媽媽也不會因為奶瓶不夠替換而慌亂。

另外，口徑大的奶瓶比較容易倒入奶粉，也較好清潔。

而爸媽們最在意的，就是奶瓶的材質了，以玻璃和塑膠這兩種最為普遍，矽膠材質則是少數人使用，比較如下：

奶瓶材質	優點	缺點
玻璃	耐高溫、好清潔	重量重，媽媽扶著餵奶時手容易痠，可能不慎摔破
塑膠	材質輕、外出攜帶方便	分為PC、PP、PES、PPSU四種材質，其中PC和PP材質僅耐熱120℃
矽膠	耐高溫	價格高，尚不普及，配件難以通用

塑膠奶瓶材質可再分成PES、PPSU、PP及PC四種，PC高溫消毒下會溶出有毒物質「雙酚A」，此種物質會對人體荷爾蒙與內分泌造成干擾，有引發性早熟等風險，目前已經被禁用。PP大約只能耐熱到120℃，因此，目前最受家長們歡迎的就是PES、PPSU兩種材質。PPSU耐熱可達200℃，比PES高出約20℃，而清洗方面，PPSU也比PES耐刮。

價格方面，PES奶瓶和玻璃奶瓶價格差異不大，但PPSU奶瓶售價就明顯比玻璃奶瓶高，單瓶價差可達3倍以上，畢竟，媽媽們不可能只買一個奶瓶，一定是購買四到六個左右替換，所以價格也是考量點之一。

總結來說，如果喜歡輕一點、好攜帶、耐高溫的奶瓶，可以選擇PPSU材質的塑膠奶瓶。至於清潔奶瓶的原則有兩個，一是奶瓶刷每次刷完後也要

清洗，且奶嘴、奶瓶分開洗；第二就是奶瓶要消毒，選擇適合的消毒鍋、烘乾，就能避免寶寶因為清潔不徹底造成的腸胃異常問題。

> **▌Point**
>
> 奶粉沖泡注意事項
> - 用超過70℃的熱水沖泡奶粉：以煮沸的熱水降至70℃左右，再加入奶粉沖泡，殺菌效果比較好，而且現在有定溫熱水壺可以使用，很方便。
> - 注意！不是給寶寶喝70℃的奶水！以70℃沖泡完奶粉之後，要先將奶瓶放在冷水中降溫，降溫至我們嘴巴不會燙口的程度，甚至稍微涼了再給寶寶喝才安全。

Q5 如何選購最適合的奶嘴？

奶嘴的孔洞選擇，可參考第204頁上方，除此之外，奶嘴材質也是挑選重點，奶嘴主要分成乳膠跟矽膠材質兩種，使用上還是以清潔跟消毒為重。乳膠比較接近媽媽乳頭的感覺，當媽媽偶爾還是要親餵時，可選用和乳頭觸感比較貼近的乳膠材質；但如果媽媽要回歸工作崗位，或者確定沒有太多機會親餵寶寶，就可以選用矽膠材質的奶嘴。

奶嘴的使用方法是，先安撫正在哭鬧的寶寶，接著把奶嘴靠近寶寶，在寶寶的嘴唇外稍微上下動一下奶嘴，讓寶寶能穩穩吸住。

Q6 寶寶不習慣用奶瓶喝奶，怎麼辦？

寶寶不願意用奶瓶喝奶的原因，大多是瓶餵方式錯誤。正確的奶瓶餵奶方式是：

選擇寶寶喜歡的奶瓶嘴，還有舒服的姿勢，也就是奶瓶和寶寶的臉呈45度角，奶嘴要輕碰寶寶上唇，引導寶寶自行含住奶嘴，不能強行塞入。觀察寶寶釋放的訊息也非常重要，如果出現推開奶瓶、轉頭、溢奶，就要暫停餵奶。此外，讓寶寶自己決定何時停止喝奶，不要強迫寶寶全部喝完，餵奶過程中，保持和寶寶的眼神或聲音互動，可以增加寶寶的安全感，提高瓶餵的成功率。

配方奶的相關問題

　　當媽媽的奶量不足，或是覺得親餵太累時，可以搭配使用配方奶。一般配方奶的選擇則仰賴寶寶的體質、喜好來決定。有些寶寶會對一般奶粉過敏，就需要選擇較特殊的水解蛋白奶粉或無乳糖奶粉。

Q1 該怎麼幫寶寶選購合適的配方奶？

　　一般配方奶的成分大同小異，選購時，注意瓶身外包裝有清楚的「嬰兒配方食品」字樣、「營養成分標示」、「核備字號」（核備字號可在「食品藥物消費者知識服務網」查到者）、「○個月的寶寶適用」字樣，就是合格的配方奶。使用上，只要注意在有效期限內沖泡，對一般寶寶來說都是合適的。

　　然而，因為新生兒的腸道尚未發育成熟，加上配方奶中的牛奶蛋白畢竟不是來自人體，所以有些寶寶會出現腸胃不適的情況，也就是所謂的「過敏」。怎麼知道寶寶對奶粉過敏了呢？一是當寶寶喝完配方奶之後的48小時內出現血便、脹氣、腹瀉、皮膚出現疹子等，都可能是對配方奶過敏。

　　二是如果寶寶一整天不明原因喝奶量持續下降，也可能是對奶粉過敏了，這時請先帶寶寶到小兒科就診，並交由醫師來評估。如果醫師診斷確定寶寶對牛奶蛋白過敏，家長就需要挑選水解奶粉給寶寶。

　　水解奶粉又可分為完全水解和部分水解，什麼是水解呢？就是把大分子的牛奶蛋白，在製作過程中分解得更小，蛋白分子被分解得越小，就越容易消化完全，也就能降低蛋白分子對寶寶過敏的可能性。

　　而完全水解奶粉較適合給過敏嚴重或是腹瀉的寶寶食用，不過，因為完全水解奶粉價格較高，寶寶也可能覺得比較「不好喝」，因此，如果只是輕微的過敏反應，建議讓寶寶從部分水解奶粉開始嘗試。

至於另一種是乳糖不耐的寶寶，並不是因為對乳糖成分的過敏，而是寶寶體內負責消化乳糖的酵素不足的緣故，在食用含乳糖成分的食物後，通常在2小時內，寶寶就會產生腹瀉、腹脹、嘔吐等反應。不過，對乳糖過敏的是牛奶蛋白過敏的反應相似，因此請透過醫師診斷後，再判斷選用無乳糖奶粉或是水解蛋白奶粉給寶寶食用比較妥當。

此外，我們可能會看到很多奶粉廠商把奶粉細分成各種年齡段，從0～6個月、6個月～1歲、1歲之後等等，但是就營養成分的觀點來看，其實只有兩個階段的差異，分別是「0到1歲」和「1歲之後」。世界衛生組織已明文建議，零歲的嬰兒配方奶可以喝到1歲，1歲之後就改吃乞食物、喝鮮奶。因為1歲過後的寶寶，就能慢慢以固體食物為主食，需要時搭配全脂鮮奶、保久乳、一般奶粉皆可。

各類型配方奶&適合的寶寶

奶粉類型	適合寶寶類型	備註
一般奶粉	服用後沒有出現過敏現象的寶寶都適合	選擇合格嚴牌，在有效期限內沖泡即可
水解蛋白奶粉	完全水解：對一般奶粉過敏反應嚴重的寶寶使用 部分水解：過敏反應輕微的寶寶使用	又分為完全水解，或是部分水解奶粉
無乳糖奶粉	乳糖不耐症、腸胃炎寶寶使用	無乳糖奶粉並不會比一般奶粉的營養少
其他類型奶粉	動過手術、早產寶寶使用	短期的特殊需求，非長期食用

Q2 寶寶產生「乳頭混淆」，怎麼辦？

乳頭混淆的意思是，當寶寶愛上了用奶瓶喝奶，變得不再愛媽媽的乳頭的情況。如果尚未發生，預防方法是等寶寶滿月後再接觸奶瓶；如果已經發生乳頭混淆的情況，媽媽不必心急，請增加和寶寶肌膚接觸的機會、增加親餵次數，並注意寶寶喝奶時，臉和奶瓶呈45度角，相對來說逐漸減少瓶餵的次數，還是有機會找回寶寶對媽媽乳頭的安心感。

媽媽
經驗談

> 這是我在媽媽社群裡面獲得的資訊，也是我比較認同的說法，發生「乳頭混淆」可能是因為親餵時，寶寶需要比較用力吸奶，而且要吸一下下才會有奶上來，這就跟用奶瓶喝很不一樣，奶瓶是一吸，就有奶水上來了，對寶寶來說比較不費力，而且使用奶瓶的奶水流速也比媽媽的乳頭強，所以寶寶會比較喜歡奶瓶也蠻合理的，就是沒有耐心等奶而已啦~

Q3 安撫寶寶就用奶嘴嗎？怎麼幫寶寶戒奶嘴？

每個寶寶對奶嘴的需求程度不同，在寶寶出生大約滿兩個月之前，在睡覺的時候給予安撫奶嘴，可以讓寶寶睡得比較安穩、比較好，因為出生一兩個月的寶寶睡覺時會出現吸吮反射，也可能會因為嘔吐物塞住咽喉等等，使用奶嘴就可以防止這樣的狀況發生，也會減少寶寶突然間的驚醒跟窒息的可能。

我們目前認為最恰當的使用奶嘴時機是，睡覺的時候使用安撫奶嘴，白天活動的時候減少使用奶嘴，原因是六個月以後，寶寶可能就會開始長第一顆牙齒，當長牙齒後仍持續吸奶嘴，會影響到牙齒生長的形狀，食物也比較容易停留在口腔中、增加蛀牙的風險，所以希望最慢在一歲前要把奶嘴戒掉。至於出生滿兩個月前，不妨使用奶嘴安撫寶寶讓寶寶容易入睡，不過兩個月以後就要注意不要讓寶寶太依賴奶嘴喔。

至於怎麼讓寶寶戒除奶嘴呢？寶寶在2歲前都屬於口腔期，沒有給寶寶奶嘴的話，大部分寶寶都會開始吃自己的手手，那我們可以提供可以咬的、好清洗的，例如固齒器那種小玩具在白天取代奶嘴，處於口腔期的寶寶會渴望去刺激口腔、有吸吮的需求，都是很自然的，所以不用一直叫寶寶不可以吃手。

Q4 怎麼幫助寶寶渡過「厭奶期」、「斷奶期」?

通常是在4、5個月大的時候,寶寶會開始出現「厭奶」的反應,寶寶沒有像之前喝得那麼順利,大部分的原因是因為4、5個月開始,寶寶的活動力增加了,開始比較不專心,專家認為那是變得聰明的表現,寶寶開始對外在的事物好奇,這並不是不好的事,不過這個持續時間不太一定,一般會出現1~2週的厭奶期。

這時候我們就不用過度要求寶寶要把奶喝完,不然可能讓寶寶產生對「進食」的排斥感,再來,我們也可以在餵奶的時候減少會讓寶寶分心的事情,比如選擇一個比較安靜的時間,搭配燈光比較和緩的空間,讓寶寶知道這就是專心喝奶的時候。

那斷奶期呢?每個家庭的時間點不太一致,不過我們建議是4~6個月或6個月以上,寶寶可以開始吃副食品,但並不是就完全斷奶,配方奶或母奶可以搭配著副食品。1歲之後,儘量減少奶水在一餐的佔比,或者當作點心即可,因為讓寶寶進入吃食物的階段,必須要循序漸進,有些寶寶1、2歲還是只喝奶,不太吃其他東西,對於成長發育就比較不利,所以要讓寶寶慢慢把奶量減少。讓寶寶多嘗試奶水以外的東西,不管是咀嚼或是感受味道都好,可以吃米糊或是嬰兒米餅,或是透過遊戲的方式來讓寶寶認識食物。

寶寶飲食的其他問題

Q1 寶寶除了喝奶,還需要額外喝水嗎?

4個月以前的寶寶,因為腎臟發育還未成熟,所以不建議讓寶寶喝水,以避免水中毒,而且奶水裡面就有70%~80%是水分了,所以只要沾點開水清潔口腔用就可以,不需要特別喝水;另一方面是,這時候的寶寶需要快速成長,如果胃讓了一些空間給水,就會擠壓到喝奶的量,寶寶吸收的熱量會不夠。假如寶寶每天喝120c.c.的奶,但如果喝了水,可能只喝到80c.c,就減少了寶寶可以吸收的營養,所以,請等到寶寶開始吃副食品,或比較黏稠

的食物開始取代奶水的時候，就可以加點水給寶寶一起食用，不過因為每個寶寶能接受水分的程度不一樣，所以一開始給寶寶10c.c.、20c.c.的水就可以，慢慢再增加到跟喝奶差不多的量。

Q2 寶寶需要補充維生素D嗎？

維生素D是人類重要的營養素之一，在各個年齡層都扮演著重要的角色。在嬰幼兒時期，足夠的維生素D濃度可以穩定呼吸道，活化成熟的免疫細胞來對抗病菌的感染，另一方面，維生素D也可以減緩許多呼吸道過敏體質的氣管發炎症狀。

但是，新生兒階段，單純餵母乳的寶寶可能會有缺乏維生素D的風險，因為新生兒出生時，體內的維生素D含量取決於媽媽懷孕時的狀況，如果寶寶出生後，媽媽沒有偶爾曬曬太陽或補充維生素D錠劑（成人需要的量，只透過食物不容易獲取），母乳就會缺乏這個營養素，導致寶寶體內也缺乏維生素D。

嚴重缺乏維生素D的新生兒，會出現骨頭方面的疾病，所以台灣兒科醫學會已有明確的建議，純母乳哺育或部分母乳哺育的寶寶，從新生兒階段開始，每天要給予400 IU的口服維生素D。而使用配方奶的寶寶，如果每日進食少於1,000毫升加強維生素D的配方奶或奶粉，也需要每天給予400 IU口服維生素D。1歲以上，則可建議增加日曬，或由食物攝取（如魚類和菇類）方式來補充。

新生兒補充維生素D，可以預防骨頭方面的疾病。

平常不容易去檢驗嬰兒身上的維生素D存量到底夠不夠，不過維生素D對於預防感染和生病都有幫助。市面上的維生素D嬰兒製劑都不便宜，一個月的服用量就要花費至少八百元，算是一筆可觀的開銷，所以有經濟上考量的媽媽可以自行斟酌。

Q3 寶寶一歲前不能吃的兩種食物？

　　未滿1歲的寶寶有許多食物是要避免的，除了必須全熟食、避開酒精和咖啡因飲料外，我要特別提出「蜂蜜」和「鮮奶」這兩種食物。

寶寶1歲前的腸胃道功能和免疫系統都尚未發育完全，必須禁止食用蜂蜜與牛奶。

　　蜂蜜在製造過程中為了避免營養成分受破壞，並不會經高溫殺菌消毒，因此裡面可能含有肉毒桿菌的孢子，而1歲以下的嬰幼兒免疫系統及腸道菌叢都還沒發育健全，胃酸還無法有效處理肉毒桿菌，幼兒食用後可能有肉毒桿菌中毒的風險。

　　另外，一歲前不建議喝鮮奶，是因為鮮奶的成分屬於結構較大的酪蛋白分子，寶寶1歲前的腸胃功能還無法有效地分解和吸收酪蛋白分子，而腸道分泌的乳糖酵素也還沒有辦法好好分解乳糖，所以鮮奶並不適合1歲以下的寶寶飲用。

Q4 從喝奶到咀嚼食物，寶寶副食品的添加順序是？

　　「副食品」就是銜接「喝奶」到「咬碎食物」這兩個階段所攝取的食物，在日本稱作「離乳食」，很容易懂吧！副食品是為了讓寶寶可以補充到奶水之外，提供更豐富的營養，還可以讓寶寶練習咀嚼。

　　副食品要在什麼時候提供給寶寶呢？有兩個時間點，一是4~6個月就可以開始吃，或是寶寶6個月之後再開始吃。我通常會跟媽媽說4個月就可以開始，或者觀察寶寶的嘴巴，如果他看到大人吃東西的時候也出現想吃、想咬的樣子就可以，不過最慢6個月就要開始吃副食品，為了顧及寶寶攝取的營養多樣性，很多東西開始需要靠奶水以外的食物來補充，另外就是要開始訓練寶寶的嘴巴練習咀嚼。

寶寶年齡	重點能力	食物型態	進食方式	調味方式
4～6個月	閉起嘴巴吞嚥	濃稠水狀，如粥、米糊等	家長用湯匙把食物慢慢放進寶寶嘴裡，要一點一點慢慢往嘴巴送入	讓寶寶體驗食物味道，避免使用調味料
7～8個月	用舌頭和上顎壓碎吞嚥	細碎的泥狀或小顆小顆狀	把食物放在嘴巴前面，讓寶寶練習吃進去	只能用少少的鹽、醬油或糖
9～11個月	用牙齦將食物壓碎、輕度咀嚼	粗的泥狀或是切丁的食物	把食物放在嘴巴前面，讓寶寶練習吃進去	可用炒煮的方式，或是加少量番茄醬。
1歲後	持續練習用牙齦咬碎食物	可以吃更多種食物，但避免給太硬的食物	寶寶會開始想要用手抓握湯匙或食物，家長可以握著寶寶的手協助練習	可以調味，但量必須是成人的 1/3。

　　一般副食品都是先從澱粉類開始，也就是主食，從稀飯、番薯、南瓜、馬鈴薯等等開始，等這些吃的比較穩定之後，其他的食物就都可以同步讓寶寶學習吃吃看，但也因為每個寶寶進度不一樣，所以沒有年滿幾個月就要吃什麼的限制，前提是要完全煮熟的食物，那就我所學到的和我親自帶孩子的經驗，食物並沒有細分哪個先、哪個後，例如蛋，沒有限制蛋白先或蛋黃先，但攝取蛋的時候，很常遇到寶寶第一次吃會有作嘔的狀況，那不是因為寶寶過敏，只是寶寶正在練習接受更多種食物，才能健康成長。

　　寶寶吃副食品以多樣性為主，所以並沒有說哪些東西一歲之後才可以吃，也沒有哪些食物會誘發寶寶過敏，也沒有先後的問題。不過，有關食物的型態和進食、調味方式，可以依照幾個年齡階段來分類，可參考上方的表格所示。

　　寶寶越早接觸不同食物，以後就不容易挑食、耐受性會越好，身體就不容易缺乏哪類營養素。至於水果的部分，可以用新鮮水果處理成泥狀給寶寶吃，不建議打成果汁，尤其要避免加工過的果汁，因為裡面的添加劑跟糖太多了，有礙寶寶的健康。

Q5 寶寶有吃副食品，還要補充鐵劑嗎？

母奶裡面唯一比較缺乏的營養素就是鐵，我們出生的時候，身上就帶有鐵了，但消耗到出生後4、5個月左右就不夠了，鐵不足時，寶寶就會產生缺鐵性貧血，尤其當寶寶喝奶到7、8個月甚至1歲的時候，會發現有貧血的現象，檢查發現就是缺鐵，如果按照一般有吃副食品的進程，是不需要特別補充鐵劑的，但沒有在6個月開始就補充副食品的寶寶而言，就需要另外補充鐵劑，嬰兒有滴劑可服用。

寶寶的睡眠

Q1 寶寶晚上不睡、一直哭怎麼辦？

出生三個月內的寶寶，晚上不停哭的時候，要先知道寶寶不舒服的原因，第一個「是不是肚子餓了？」另一個是「尿布上有沒有尿尿或便便？」再來確認環境「寶寶是不是流汗了？寶寶太冷或是太熱？」最後是「寶寶是不是受到驚嚇？」除此之外，嬰兒也是會作噩夢的。這時候寶寶可能只是需要媽媽或爸爸的安撫，如果以上四點都注意到了，寶寶還伴隨其他的症狀，比如咳嗽、體溫變燙、呼吸不順，我們才要考慮到是不是生病，這就要交給醫師去評估，一開始還是要先把可能的情況一一先確認過。那麼，寶寶無法睡過夜的狀況，會持續到什麼時候呢？3~4個月以前的寶寶大約2~3小時就會喝一次奶，一方面是這時候胃容量比較小，就要頻繁一點喝，半夜肚子餓是正常的，而且這時候的寶寶還沒有明確的白天、晚上的概念，所以作息很難跟爸爸媽媽同步，照顧上會比較辛苦一些；4個月之後，寶寶大約4個小時喝一次奶，也比較有機會一覺到天亮，我遇過的寶寶在4個月後可以睡過夜的比例大約佔一半，家長們再撐一下下吧！

也有寶寶到了2歲才不再半夜醒來大哭，所以，別擔心，你家那隻不是唯一一隻！

　　我們會建議「寶寶和大人同房不同床」，主要原因是研究發現，父母親熟睡時，都有可能聽不到寶寶的哭聲，尤其是父親。所以寶寶在睡眠過程中，可能會被大人的被子給蓋住，或是大人翻身的時候，手臂不小心壓到寶寶，讓寶寶因此窒息猝死。所以我們不建議寶寶跟大人同床睡，比較建議是在同一個房間，但寶寶放在嬰兒床上，但是就算是在嬰兒床上，也不能在旁邊擺太多毛茸茸的玩偶，寶寶也可能會在擺動中被玩偶悶住。再來就是睡

寶寶4個月大前，建議和爸媽同房不同床睡，以免不會翻身引發窒息。

眠環境的溫度要適中，大約在24℃~26℃，嬰兒床和大人的床之間有一定的空間，另外，四個月前（還不會翻身）的寶寶，儘量不要讓他趴睡，避免發生窒息。

COLUMN

天哪！我的寶寶這樣才要睡

- 一定要摸我的耳朵睡（>///<）
- 一直捏我的蝴蝶袖，捏到黑青了才睡著（夠兇狠）
- 要摸我的ㄋㄟㄋㄟ……（長大了不簡單？）
- 腳一定要踢到媽媽才睡（???）
- 要抱他入眠、要幫他抓癢癢、要摸摸肚子（來來來！都來！）
- 一坐上車就秒睡（以後大概很愛趴趴走）

Q3 寶寶趴睡頭型才漂亮？

很多媽媽會問我小嬰兒到底要趴睡還是仰睡呢？寶寶的頭在6個月以前可塑性比較大，所以確實會因為睡姿而有些微的改變，不過我們要兼顧到安全，6個月以前讓寶寶趴睡的話，有可能發生嬰兒猝死症或窒息，所以當寶寶還沒有學會翻身，儘量不要趴睡。

至於仰睡跟側睡，的確小嬰兒會喜歡側某一邊睡，我們的建議是家長可以偷偷在他睡著的時候，把他的頭轉到他比較不常側睡的那一邊，在6個月以前還可以這樣做，因為6個月以後寶寶開始很會翻來翻去。就很難固定睡姿了。

Q4 什麼時候開始使用嬰兒枕？

出生4個月內，寶寶其實不需要枕頭，最多墊一條小毛巾就好，因為當時頭跟頸部是剛剛好的狀態，墊了枕頭之後反而寶寶的呼吸會不順，在寶寶4個月之後，就可以給予嬰兒枕，記得不要使用一般成人用的枕頭。

寶寶的身體異常狀況

Q1 寶寶皮膚出現乾燥和脫皮，還要每天洗澡嗎？

寶寶出生時，皮膚外面有一層黃白色黏稠物質，叫做胎脂，是寶寶還住在媽媽子宮時就存在的，有預防寶寶感染、保溫、保濕的功能，還能有助於寶寶順利通過產道，寶寶出生後，並不需要用力把胎脂洗掉，寶寶皮膚會在一週內自行吸收，尤其早產寶寶很需要這層胎脂來保護。

另外，因為寶寶的角質層細胞比較小，也比成人薄，特別是2歲以下的寶寶，皮膚還很脆弱，所以容易出現乾燥和脫皮的狀況，並不需要過度清潔，每天最多洗1次澡，甚至一週洗1~2次即可，也不需要刻意使用清潔產品，以清水幫寶寶清潔就可以，或者使用寶寶專用的清潔用品，選擇弱酸性到中性，無添加香精的，特別提醒禁止使用肥皂，肥皂屬於強鹼性，會破壞寶寶皮膚的酸鹼平衡，產生不適感。

Q2 寶寶的肚臍凸出來了，怎麼辦？

這個叫做「臍疝氣」，不用特別擔心。為什麼呢？出生的時候，寶寶和媽媽相連的那一條叫做臍帶，臍帶是供給營養的地方，當子宮內寶寶的肚子開始長肌肉的時候，臍帶附近的肌肉長得比較慢，要等到剪斷臍帶、寶寶出生後，肚臍附近才會慢慢長出肌肉，所以出生後幾個月的時間，肚臍附近其實只有一層皮而已，當寶寶因為脹氣哭鬧、用力的時候，肚臍就會凸出來了，但用手觸摸的時候又只有一片薄薄的感覺。

新生兒臍疝氣的發生率約為10%~30%，大部分的臍疝氣3歲前都會自行消失，不必過於焦慮，民俗上的說法是拿個銅板或用膠帶貼在寶寶的肚臍上，注意這並沒有改善臍疝氣的功效。但是，如果寶寶3歲之後臍疝氣仍未消失，或是肚臍周圍皮膚出現紅腫、瘀青、或轉為紫黑等發炎現象，請帶著寶寶到小兒外科就診。

等到寶寶肚臍周圍的肌肉長好，臍疝氣就會自然消失。

Q3 寶寶身上出現像經血的分泌物怎麼辦？

不是每個寶寶都會發生，通常會在女寶寶出生一個禮拜左右出現，我們叫做「假性月經」。可能是換尿布時發現尿布中有血絲，或者發現寶寶的陰道流出血來，這些都是屬於正常的，大約3~7天會消失。

假性月經的主要成因是在寶寶出生時，身上帶有媽媽的荷爾蒙，導致寶寶的陰道壁較厚，但出生後，寶寶身上的荷爾蒙慢慢減少了，連帶讓寶寶的子宮黏膜慢慢脫落，這時就產生了出血，跟月經的成因是一樣的，包括有時候看到寶寶的陰唇腫腫的，有像血的分泌物，都是正常的，這些分泌物會慢慢變成褐色或是白色的，就表示已經代謝完了。不過要提醒媽媽們的是，這時不要過度清潔寶寶的陰部，只要在換尿布的時候簡單擦拭就好，否則可能會過度刺激寶寶的皮膚，造成皮膚受傷。如果「假性月經」發生超過半年仍未消失，就建議安排進一步檢查，以排除下列可能的異常狀況：內分泌問題、卵巢問題、腎上腺腫瘤、身體吸收含荷爾蒙的食物或藥物導致的問題。

寶寶皮膚的異常狀況

Q1 寶寶皮膚一直黃黃的，怎麼辦？

黃疸

　　人體的紅血球老化後會產生一些廢物，這些物質中包含膽紅素，會經過肝臟和排泄來代謝掉，但是因為新生兒肝臟還未發育完全，處理膽紅素的能力還沒成熟，因此，當新生兒體內的膽紅素無法順利代謝時，就會沉積在皮膚上，而膽紅素是一種黃色的色素，所以稱為「黃疸」。

　　生理性黃疸：大約有六～七成的寶寶會出現，是一個正常的過程，出生後第二或第三天出現，寶寶皮膚會緩慢變黃，至出生一個星期時，皮膚會是最黃的，連眼白處也可能會偏黃，不過因為膽紅素還是會被慢慢代謝掉，所以寶寶一般在出生後第二週就會逐漸退黃。

　　病理性黃疸：病理性黃疸在醫學上有其明確的定義，以下提供家長比較容易觀察到的判別方法。當寶寶出生後的兩天內，皮膚突然黃得很快，黃至胸部、下腹部時，可以推測屬於此類。病理性黃疸有幾個原因，第一可能是寶寶沒吃飽、身體水分不夠、排便不順暢，因為代謝得不夠，讓膽紅素滯留在體內而皮膚變黃；第二是寶寶本身的疾病，例如蠶豆症【見第218頁】，第三是寶寶因為跟媽媽血型不同，發生媽媽的抗體進入寶寶的血液、破壞寶寶紅血球，進而釋放出膽紅素，以上都需要就醫進行治療。

　　母乳性黃疸：發生在餵母乳的寶寶身上，是因為母乳中的某些成分影響了膽紅素，使得寶寶皮膚維持偏黃的狀態，並且會持續一～兩個月的時間，不過只有在黃疸指數過高時，媽媽才需要停止餵奶或讓寶寶進行照光治療，這部分請交由醫師來判斷。

我們會使用「黃疸儀」經皮膚偵測，或是抽取寶寶腳跟血檢測，如果黃疸指數超標，就會建議讓寶寶住院照光治療。

蠶豆症

蠶豆症是一種先天性代謝異常疾病，蠶豆症寶寶有超過九成都是經由父母基因遺傳，極少數是自體基因突變而罹患。在寶寶出生後48小時內的新生兒篩檢就包含蠶豆症這一項，約兩週後就會知道篩檢結果，發生機率大概3%，蠶豆症寶寶要避免樟腦丸、紫藥水、磺胺劑、解熱劑、鎮痛劑、水楊酸、綠黴素、阿斯匹靈等，因為可能會誘發溶血症狀，使寶寶產生病理性黃疸，所以媽媽如果看到寶寶出生一週內，皮膚黃得很快，可以請醫師幫寶寶安排檢查。

而如果是餵母奶的媽媽，寶寶出生一～兩週了，醫生也確認過新生兒篩檢數值是安全的，但寶寶皮膚還是很黃，那可以等一、兩個月之後再觀察，可能只是母乳性黃疸，但如果寶寶在出院前那次檢查黃疸指數偏高，嚴重時甚至會影響腦部發育，寶寶可能會出現抽筋、嘔吐、嗜睡、活力變差等情況，一定要記得帶寶寶回診。

Q2 寶寶的皮膚長了奇怪的斑點，怎麼辦？

主要看部位和持續時間，皮膚的斑塊、疹子類別非常多種，在寶寶出生後半年內，這部分可以說是媽媽們詢問度最高的。

毒性紅斑

有一半的寶寶都會有這個情況，最常出現在頸部到臀部，四肢和臉部較少出現，有點像被蚊子叮咬紅腫的樣子，大小不一，大約一、兩個禮拜就會消失。目前還沒有找到出現毒性、紅斑的原因。雖然稱作毒性紅斑，但其實沒有毒，不必擔心。

粟粒疹

出現在鼻頭部位、一顆顆小小白白的疹子，就是粟粒疹，大約兩個月內就會自行消退，主要是因為皮脂腺塞住引發的，寶寶不會癢或痛，也不需要去擠它或塗抹任何藥膏。粟粒疹可能會反覆出現，隨著寶寶汗腺發育成熟而消失。

■粟粒疹

蒙古斑

　　屬於黑色胎記的一種，常出現在背部和臀部的黑藍色不規則狀斑塊，又稱為「真皮黑色素細胞增生症」，1歲後顏色會逐漸變淡，約3歲前會自行消失，少數最晚在青春期會消退，很少延續到

■蒙古斑

成年。除非寶寶有先天性色素疾患，才需要向皮膚科醫師求助，否則並不需要過度擔心。

口水疹

　　寶寶出生3個月內，唾液腺還未成熟，到了4個月後，就來到很會流口水的時期，特別喜歡拿物品放到嘴裡，也逐漸開始吃副食品，但口水容易刺激皮膚，變成口水疹，出現皮膚泛紅，長出許多小小的疹子，摸起來粗粗的，甚至

■口水疹

會有脫皮現象，如果只是輕微紅疹時，請大人經常以乾毛巾輕輕按壓來吸乾寶寶臉上的口水，或是幫寶寶塗護唇膏、在紅疹處擦少量護膚霜，讓口水不會持續刺激皮膚。如果紅疹範圍不斷擴大，持續一週都沒有改善時，請帶寶寶至皮膚科就醫。

血管瘤

　　新生兒血管瘤屬於良性腫瘤，屬於紅色胎記的一種，好發部位是頭、頸部，外表平坦，通常會在出生時或出生後幾週就出現，在5歲前就會消退。西方人稱為「火焰痣、天使之吻、送子鳥咬痕」等，這類血管瘤大多只需要觀察即可。

　　比較令人擔心的是呈草莓狀的血管瘤，可以摸到突出的形狀，又稱為「草莓痣」，是血管往外長而產生的，如果寶寶到了會爬、會撞的時期，就容易磨破皮而流血，這種血管瘤大部分都無法自行消失，所以要請醫生評估處理，尤其是在重要器官如眼睛旁邊的，要更早處理，因為可能會因為血管瘤逐漸生長增大，傷害到寶寶的器官。

我們之前遇過一個個案，發現治療草莓狀突起的血管瘤的藥物本身也具有危險性，因為有抑制血管生成的效果，所以會影響本來正在發育的血管，因此治療時不一定會注射在患部，而是會因狀況不同而有很多種治療方式。至於如果草莓痣是長在眼睛、嘴巴以外的區域，建議等寶寶長大後再用雷射消除就可以。

痱子

台灣的長輩多半很擔心孫子寶寶受寒，夏天還是給寶寶穿很多，痱子就會出現在寶寶容易流汗、皮膚容易被悶住的地方，對於還不會翻身的寶寶，最常見就是長在背後跟後頸，還有皮膚皺摺的地方，例如脖子、肚皮。所以最根本的防治還是

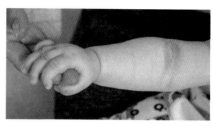
■痱子

要根據溫度穿適合的衣服，有些醫生會建議擦痱子膏，少用痱子粉，怕寶寶會吸入粉末，不過因為夏天大家都會吹冷氣，所以其實現在比較不容易長痱子了，只要不要過度擔心寶寶感冒而讓他穿太多，就能避免引發皮膚的問題。

Q3 寶寶屁屁好紅！尿布疹怎麼辦？

尿布疹可以分為四種成因，第一是排泄物接觸，寶寶便便完沒有及時換尿布，讓便便一直黏在屁屁上，結果在屁股周圍形成一圈紅紅的疹子，也可能會破皮；第二是因為感染，部位不見得在屁屁周圍，屬於黴菌引起，所以只要是尿布包起來的皮膚都有可能發生，例如胯下、大腿、屁股，因為太濕而引起黴菌孳生。

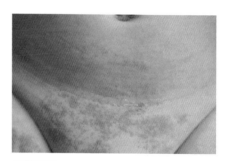
■尿布疹

第三是悶住，例如尿布對寶寶來說太小或是被包得太緊，就容易在大腿跟腰部附近形成一圈紅紅的；第四是過敏，例如用藥膏擦在寶寶身上，結果越擦越紅，或者寶寶對濕紙巾或沐浴乳某個成分過敏，我們看診時就會和家長確認所使用的產品成分。

尿布疹的原因不見得只有一種，所以我們當爸媽的就是要常常去檢查，比如寶寶尿布濕了就要換，儘量用水洗屁屁，少用濕紙巾擦，除非是外出不得已才會使用。至於治療尿布疹的藥膏，醫生會根據引發疹子的原因來開藥，是過敏的尿布疹？還是黴菌感染的尿布疹？用藥是不一樣的。

Q4 寶寶好多頭皮屑！是脂漏性皮膚炎嗎？

寶寶未滿六個月的媽咪們，常常來詢問我這一項，脂漏性皮膚炎好發在兩個區域，一是頭皮、眉毛處，屬於出油多的部位；二是臉頰處，跟荷爾蒙代謝、皮脂分泌旺盛有關，就像嬰兒的青春期一樣，但寶寶是不會感覺癢的。如果都不擦藥，只是用水清潔，滿6個月後就會消失，如果是頭上長了很多落屑型的紅斑，可以在清水清潔後，用醫生開的藥膏擦在患處，大概一個禮拜就會改善。那有人會問寶寶長大會復發嗎？這跟成人的脂漏性皮膚炎不同，所以並不會復發。

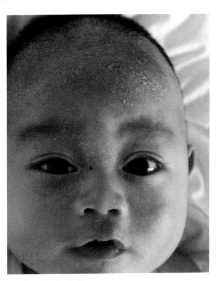

■脂漏性皮膚炎

Q5 寶寶的臉一點一點紅紅的，是不是異位性皮膚炎？

異位性皮膚炎是小兒過敏三大疾病中的一種，另外兩種是鼻子過敏和氣喘。有家族過敏史的寶寶，容易罹患異位性皮膚炎。在症狀表現上，寶寶會感覺很癢，和脂漏性皮膚炎不同。如果是大一點的寶寶，就會開始在皮膚上抓來抓去，小寶寶則會用不安的扭動來表現。異位性皮膚炎診斷的時間會比較長，因為在六個月以前，它很難和其

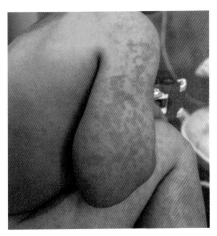

■異位性皮膚炎

他類的疹子區分出來，但因為上面我們提到過的幾類疹子，幾乎在六個月以前都會改善，所以，如果是寶寶六個月大之後，疹子還在，又包括皮膚會很癢，以及在特定位置例如臉頰、手肘跟關節都有，我們就會判定是異位性皮膚炎。

那可以根治嗎？可以的，但要視程度而定，輕度的皮膚炎，我們會提供口服藥，和一些止癢用藥膏、乳液，不過嚴重的異位性皮膚炎，則要請免疫科開免疫調節藥物，也有採取濕敷療法的方式，因為寶寶感覺皮膚很癢時，可能會把自己抓到全身都滲血，就建議採用濕敷療法，每天花時間用濕料把寶寶全身包起來，全身性異位皮膚炎的寶寶，需要在醫護人員協助下施行，如果只是局部發炎，可以經醫護人員指導，爸媽在家中就可以執行。

Q6 寶寶被蚊子叮腫了一大包，怎麼辦？

被蚊子叮咬時，年齡越小的孩子，局部的免疫反應就越大，部分孩子還可能進展成蕁麻疹或血管性水腫。雖然這些嚴重的過敏反應，會隨著年齡的成長、免疫系統成熟而逐漸改善。但若是產生蕁麻疹或血管性水腫時，仍建議就醫治療。

被蚊子叮咬初期如何預防呢？就診時，醫生會開立適合孩子的類固醇藥膏，擦拭1～2天是最有效的方法，媽媽們千萬不要聽到類固醇就緊張，短時間的使用不會對孩童有任何的副作用。

寶寶的腸胃異常狀況

Q1 寶寶溢奶、吐奶了！怎麼辦？

很多爸媽會混淆溢奶和吐奶的情形，溢奶是寶寶躺著或打個嗝，奶水從寶寶嘴巴流出來。吐奶是指是像我們大人嘔吐一樣，從嘴巴噴出來的狀況。

寶寶吐奶也可能是身體結構問題引起。

溢奶

溢奶在寶寶6個月以前很常見，可能在進食的同時吸入很多空氣，或是吃得太飽、還沒有消化就躺平，這時候因為寶寶的消化道還沒有成熟，就很容易溢出奶來。

避免溢奶的方法，第一就是餵的時候減少讓他吸入太多空氣，第二是寶寶大概6個月以後，消化道發育比較成熟了，也會比較不容易溢奶。那有人會問我這是不是嬰兒胃食道逆流？我們身體內連結食道跟胃的地方叫「賁門」，寶寶出生6個月內，賁門的功能還不是很穩固，所以，一旦寶寶太快的躺啊翻啊玩啊，食物就會往上面流，不過這不用特別吃藥或治療，照顧上調整一下就好，不管是改用少量多餐、注意寶寶的排氣、不要讓寶寶那麼快平躺等等，都可以幫助寶寶減少溢奶情況，不用太緊張。

吐奶

如果是吐奶，就要特別警覺。

吐奶可能是寶寶身體結構出了問題，或是寶寶有腸胃炎，必須要讓醫生去檢查，怎麼判斷需要去看診呢？就是如果寶寶吐奶的量，是一天進食量的一半都會吐出來，比如一天餵五、六次奶，其中三次寶寶都會吐掉的時候，就要就診。

引起吐奶的身體結構問題，最常見的是「幽門狹窄」，吐的狀況會隨著幽門阻塞的程度，越來越嚴重，可能一開始是溢奶，後來變成可能每次餵完，寶寶都會吐。「幽門」在哪裡呢？是胃連結十二指腸的開口處，幽門狹窄屬於先天疾病，目前還沒有發現明確的病因，但男嬰發生的機率比女嬰高，出生時我們不見得知道，最早可能在寶寶出生後一週就出現，通常要在寶寶出生一、兩個月之後才能在超音波圖上看得比較清楚，而且幽門狹窄無法透過吃藥

幽門

胃

十二指腸

新生兒若有「幽門狹窄」的情況，嚴重時可能每餐都吐。

改善，一定要讓醫師安排超音波檢查，進行手術處理，因為如果嘔吐持續而不理會，寶寶身體裡的的水分會持續流失，也可能造成慢性營養不良或嚴重脫水的情形。

Q2 寶寶一直哭，可能是腸絞痛？

腸絞痛算是新生兒腸胃問題的垃圾桶，因為造成腸絞痛的原因很多。怎麼定義腸絞痛呢？過去有「333」原則這種診斷方式，不過許多家長聽到要讓寶寶熬3個禮拜，心都涼了，所以目前新的診斷條件已經修改過，只要是排除其他原因的哭鬧，例如說寶寶明明有吃飽、尿布沒有濕、但就是哭不停，而且經醫師評估過後認定是腸絞痛就可以了。腸絞痛通常在寶寶出生後1個月開始出現，最晚4~5個月之後就會慢慢減少，這時候家長會比較辛苦，照顧起來很花心力。

腸絞痛的原因有脹氣、對乳糖蛋白過敏，或者有其他疾病而導致，也可能是寶寶安全感不足引起，醫生也只能一樣一樣去試。通常我們會了解寶寶喝奶的狀況、家庭環境照顧的狀況等，一旦判斷是腸絞痛，會有幾個做法：一是會給予腸胃藥，包括消脹氣的藥跟益生菌，對消化比較不好的寶寶會有改善。其實寶寶是可以吃益生菌的，而且一出生就可以吃了。

腸絞痛有沒有好發的年齡呢？有的，就是出生後1~4個月最容易發生，那我們也不會建議只從一個方向調整，每個部分都去嘗試調整，寶寶的身體上、寶寶的生活環境、寶寶吃的東西這些都要做改變，除了吃小兒科開的藥之外，給寶寶的環境儘量安靜，避免吵雜；如果寶寶是奶粉上需要調整，我們可以換成部分水解蛋白奶粉試看看。

如果是全親餵的媽媽，當寶寶腸胃狀況不佳時，我們會建議媽媽儘量少喝茶、酒、咖啡，少吃辣，因為媽媽吃什麼，寶寶就會吃到什麼；還有就是寶寶需要爸媽的安撫，多抱抱寶寶，透過輕微的晃動，讓寶寶有安全感。

Q3 寶寶拉肚子了！怎麼辦？

一般在喝奶階段的寶寶，因為本來就是糊糊的便，所以不太好判斷是不是腹瀉，我們會傾向先問問主要照顧者，和寶寶平時比起來，便便次數是變

多或是變得特別稀嗎？即使是有腹瀉的情形下，我們還是鼓勵媽媽要持續餵奶，不過可以考慮暫時用無乳糖的奶粉來替代，因為腹瀉表示寶寶腸子裡面的絨毛是受傷的狀態，這時候對乳糖的吸收力變差，會出現短暫的乳糖不耐，如果還是喝平常喝的奶粉，就更容易腹瀉，雖然改用無乳糖奶粉可以讓寶寶的腸道不那麼辛苦，但因為沒有香氣，所以寶寶會覺得不好喝，這時候要請家長耐心地把無乳糖奶粉搭配藥物讓寶寶食用，可以慢慢改善拉肚子的情況，當排便正常以後，就可以換回一般奶粉了。

Q4 寶寶的便便出現血絲，怎麼辦？

剛出生三四天的寶寶解的便叫做「胎便」，通常是墨綠色、比較黏稠，這是正常的，胎便解完之後才會慢慢轉為黃綠色便便。

以喝母乳的寶寶來講，第一個從顏色判斷，有所謂的「大便卡」，在《兒童健康手冊》就有，大便卡有九個顏色，寶寶大便顏色帶有黃色是正常的，包括淺黃、金黃、黃綠都正常；如果是白色、灰白色都是有問題的。一般便便出現異常，通常是寶寶有嚴重腸胃疾病，例如「膽道閉鎖」，因為膽道是輸送膽汁的，但是膽道鎖起來了，大便才會變成灰白色，之後肝膽會逐漸壞死，所以需要緊急安排手術處理。

另一種不正常的顏色，是大便中出現血的顏色，通常發生在喝奶一兩週之後才會出現，大便有血絲、紅紅的，對應的可能是「過敏」，比如對乳糖或是牛奶蛋白過敏，要讓醫生透過檢查判定是否有這些過敏情況。如果確定寶寶對牛奶蛋白過敏，就要改喝「完全水解蛋白奶粉」，而「部分水解蛋白奶粉」是預防過敏用，例如異位性皮膚炎的寶寶使用，但對腹瀉來說比較沒有效果。

除了以顏色判斷，再來是次數。寶寶一天解五、六次便，或五、六天才解一次便，兩種都是正常的，這是在出生後一兩個月內。當寶寶消化道越來越健全之後，一天大概會解兩、三次份量一定的便便，喝母奶的寶寶，便便會是黃黃、稀稀、糊糊的，通常一用力就噗出來了，如果很多天沒有解便，或是解出條狀或球狀，就是有問題的便便，如果不是奶粉濃度的關係，就是寶寶消化道出問題造成。所以，大便的部分是否異常，就是以「顏色、形狀、次數」來觀察。

Q5 寶寶脹氣了，怎麼辦？

　　怎麼知道寶寶脹氣了？我們會讓寶寶平躺，發現肚子鼓鼓的，輕拍會有繃繃繃像敲鼓般的聲音，不必很用力拍，通常用一根手指頭拍就可以感受到膨脹的感覺，當然，寶寶吃飽的時候肚子一定會脹脹的，但如果是吃飽一兩個小時之後，肚子應該就不會再鼓鼓的。

　　寶寶會因為胃脹氣就不想進食，喝奶量會變少，或者會哭鬧，睡眠也可能出現影響，嚴重時，醫生也會開藥，但還是要搭配餵食的方式、幫寶寶按摩等一起進行才會改善，不能單靠吃藥。

　　例如當脹氣持續很久，就必須改成少量多餐，或是吃飽前做腹部按摩，在手清潔乾淨後，用寶寶乳液來按摩如以下：

緩解寶寶脹氣的腹部按摩

　　準備好適合寶寶的按摩油，以及一個溫暖舒適的空間，將寶寶的衣服脫掉後，先告知寶寶：「媽咪要開始幫你按摩囉！」接著再開始碰觸寶寶的身體。

❶取一點按摩油，雙手輕輕放在寶寶的肚子上，讓寶寶感受媽媽的溫度。

❷像水車轉動一樣，雙手上下來回輕按寶寶，兩隻手分別按過算1次，共6次。

❸接著幫寶寶的雙腳往肚子方向屈，壓肚子6秒鐘後放下。

❹將雙手放回寶寶肚子，順時針方向按摩，按6圈後，再依❸→❷→❸→❹的順序，持續進行5~10分鐘，休息一下，再重複做5~10分鐘即可。

寶寶發燒了

這裡指的不是熱中暑的發燒，而是寶寶因為身體生病造成的發燒，必須看診吃藥。

Q1 怎麼判斷寶寶真的發燒了？

首先跟成人一樣，我們從體溫去判斷，3個月以前的寶寶，儘量量腋溫或背溫，不透過耳溫槍，是因為耳溫槍透過紅外線感測體溫，但3個月以前，寶寶耳道的角度會造成量測不準確。在我們醫院接生的寶寶，我們會送體溫計給家長，讓家長可以幫寶寶量腋溫或是背溫。

量背溫特別適合1個月以下的寶寶，因為還不太會翻身，背溫需要在寶寶背部跟床面完全貼平的狀況下，放在寶寶兩個肩頰骨之間，緊緊貼住量測，測量時間大約10分鐘，此外，怕打擾寶寶睡覺時，也可以採取背溫量測，超過37.5℃就是發燒了。

3個月前的寶寶也適合用電子腋溫計，同樣，當腋溫超過37.5℃，就是發燒，不過即使量到這個溫度，還是要再確認腋溫計有沒有故障，還有寶寶是否被包得太緊，或是剛剛在外面曬過太陽，我們就遇過在戶外一段時間或是被包得太緊的寶寶，出現體溫微高的狀況，等到來醫院後，所以寶寶體溫微高，結果來醫院以後，衣服脫下來，體溫就降下來了。當確認體溫計正常，衣服也沒有包太緊等，體溫仍然超過37.5℃，就趕快去看診。

Q2 3個月內 VS. 3個月以上的寶寶發燒處理方式

3個月以內的寶寶，確實如上述情形發燒時，都建議趕快帶來看診，第一是因為寶寶還小，發燒對身體造成的變化很快；第二是免疫系統真的遇到發燒時，會出現比較嚴重的反應，所以即使是半夜也要趕快帶寶寶到急診室就診。

以我們經驗來講，3個月內發燒來就診的寶寶，有90％都需要住院，因為可能隱藏了嚴重的疾病，例如尿道發炎，或是細菌感染，當然也可能只是輕微感冒，不過很難在一次門診的時間裡面就診斷出發燒原因，我們的共識

就是建議住院觀察才安全。

超過3個月大的寶寶，我們大概會有三天的觀察時間，比較輕微的疾病、小感冒、體溫高，應該三天內會退下來，但如果是高燒超過三天，就會安排檢查。不過還有一種是，就算只發燒一天，但如果出現嚴重症狀，像是抽筋、嘔吐或是活力很差，不需要等到三天，要立即送醫，所以發燒的溫度和天數並非絕對的判斷，最重要的是搭配寶寶的表現狀況。

Q3 寶寶可以打退燒針嗎？

當寶寶發燒來到醫院，不是只要趕快把燒退下來就好，我們需要先找到發燒的原因，才能給予正確的治療方式。

用藥上，以讓寶寶喝藥水為優先，因為塞劑可能會引起副作用，例如寶寶屁股會因為破皮而感到不舒服，或是出現拉肚子的狀況，除非，寶寶不停哭鬧、喝藥水會嘔吐、或是併發熱痙攣，才會使用塞劑。熱痙攣是高燒併發類似抽筋的狀況，寶寶會暫時喪失意識、甚至嘔吐和嘴唇發紫，是需要緊急送醫的。

此外，在新生兒治療上，非必要不會使用打針的方式，因為還是有發生意外的風險。

其實觀察發燒後的溫度曲線，就算寶寶真的不吃藥，溫度還是會慢慢降下來，有些爸媽就不喜歡讓寶寶吃藥，就會採用這樣的方法。

同樣的疾病，有的人會發燒、有的人不會，跟每個人的免疫系統和病菌量有關，但流感和其它疾病比起來更容易引起高燒。醫生會根據寶寶的年齡跟症狀，判斷寶寶目前的狀況比較接近哪一種，有些很嚴重的疾病也不見得會引起高燒，都要搭配小朋友的活力跟表現來看。

Q4 寶寶吃抗生素好得快？

抗生素並不是任何疾病的萬靈丹，也不是用來退燒或減輕發炎反應的。濫用抗生素的後果，除了要承受不必要的藥物副作用外，更會培養出一群有抗藥性的超級細菌，甚至面臨無藥可用的困境。所以在讓幼兒、兒童使用抗

生素時更要謹慎，必須用在正確的感染病上，並且選擇正確的抗生素、正確的劑量，搭配完整的療程，才能藥到病除。

在幼兒傳染病中，有超過9成是來自病毒感染，只有不到1成來自細菌感染。受病毒感染時，主要仰賴人體自身的免疫系統去對抗病毒，而抗生素是針對細菌感染的部分。因此，在幼兒傳染病中，真正需要使用抗生素治療的機會不到1成，大多為中耳炎、鼻竇炎、肺炎、扁桃腺炎、泌尿道感染及部分的皮膚感染。當家長帶孩童看診並取得抗生素處方時，請與醫師討論正確的用藥觀念，若真的是因為上述疾病需要抗生素治療，也請好好遵照醫囑服藥，切勿自行停藥。

也有家長會詢問當寶寶發燒時，幫寶寶洗溫水澡有幫助嗎？我們認為，雖然洗溫水澡會讓寶寶感覺比較舒服，但是目前無法證明洗溫水澡對退燒有直接幫助，還是以就診為優先。

Q5 冰枕和退熱貼可以退燒嗎？

除了藥水、塞劑、打針外，其他的退燒方法我們不太建議，包括使用冰枕和退熱貼，因為很多物理性方法其實都是沒有效果的。

以前會用冰枕，但是刺激性太大，寶寶身體是燙的，不適合接觸一個很冰的東西，我們發現有一些個案使用冰枕的地方，血管縮起來，如果出現感染的情況時，血管塞住了，反而對寶寶有害，所以不建議使用冰枕。

至於退熱貼對退燒應該是沒有效果的，只是涼涼的、沒有刺激性，貼了無傷太雅爸媽有給小孩貼了，大概自己比較安心。

冰枕和退熱貼其實無助於退燒。

Q6 當寶寶只有發燒，沒有其他症狀的處理

以上介紹的是發燒的判斷以及醫院的處理方式，如果只有發燒，沒有其他症狀，通常醫生會考慮兩個原因，一個是玫瑰疹；一個是泌尿道感染：

玫瑰疹

大概是1~2歲的小朋友都會得過一次，是由人類皰疹病毒第6型或第7型引起，病程大概三到四天，是在發了三～四天燒，退燒之後才會在身上出現細細紅紅的疹子，如果小朋友燒退了就活蹦亂跳，能吃能喝能玩了，醫生就不會太擔心，玫瑰疹幾乎不會有併發症和後遺症，而且通常感染過的寶寶會免疫。

泌尿道發炎

和玫瑰疹一樣，寶寶若是泌尿道感染、發炎，除了發燒之外沒有其他症狀，通常醫生會幫寶寶進行小便檢查，一管的小便就可以判斷是不是有泌尿道發炎，接著會先請家長帶寶寶回家，先觀察三天並等待檢驗結果。泌尿道發炎的病程如果沒有找到病因，是不會自己好轉的，所以也要特別注意。

Q7 當寶寶不只發燒，還伴隨其他症狀的處理

流感

是當發燒伴隨呼吸道症狀，比如咳嗽、打噴嚏、流鼻水，有的鼻涕多、有的咳嗽多，也會讓寶寶比較吃不下。

流感除了感冒症狀之外，寶寶發燒溫度會比較高，幾乎可以達到39℃以上，因為流感屬於接觸傳染，我們就要請家長留意最近身邊有接觸到的感冒的人，此外，流感是殺傷力強的疾病，所以不排除打預防針。一般感冒只要進行症狀治療，病程大約是3~7天就會痊癒，但流感如果一直沒有找到原因，可能會拖至超過7天。

腸病毒、疱疹性齒齦炎

當發燒伴隨口腔出狀況時，最常見有兩種，一是「腸病毒」，一是「疱疹病毒引起的齒齦炎」，寶寶的症狀都是發燒、嘴巴痛，連帶影響胃口變差。

這時候注意不要讓寶寶出現脫水的情形，適時補充水分，1歲以下的寶寶在飲食上建議只喝母奶或配方奶，不需要刻意攝取其他食物，以免更刺激口腔內發炎的部位，造成疼痛。至於怎麼判斷寶寶是感染「腸病毒」或「疱疹性齒齦炎」呢？如果是感染腸病毒，有大約50%的寶寶在手、腳、屁股會出現疹子，我們也會看寶寶口腔感染的深度來分辨，如果是在軟顎跟會咽等比較深的地方出現水泡潰瘍，就比較接近「腸病毒」；如果是「疱疹性齒齦炎」，比較多是在嘴唇跟牙齦等容易觀察到的地方，出現水泡跟腫脹的現象。

扁桃腺發炎

最後一部分是我們的扁桃腺，在我們嘴巴吞嚥的地方，有左右兩個扁桃腺腺體，有些病菌會在這個地方作怪，讓腺體腫起來，而且具有傳染性。

扁桃腺最常見的致病菌有三，一個是A型鏈球菌（見第234頁），另兩種致病菌都是病毒，分別是腺病毒和EB病毒，這兩種病毒造成的扁桃腺炎的症狀，都有發燒，喉嚨痛和咳嗽，此外，腺病毒還會併發紅眼症，且發燒天數可長達7~10天，非常折磨孩子和家長。而EB病毒則還會有眼皮腫脹、頸部淋巴腫、肝脾腫大和全身紅疹等症狀。需要醫師耐心檢查來判斷是哪一種病菌感染。

Q8 還有哪些新生兒門診常見疾病？

感冒

是門診最常見的疾病，幾乎所有人都曾經感冒過，感冒又稱為「上呼吸道感染」，是由病毒所引起的，但這些病毒種類有上百種，也難怪抵抗力較低的幼童一天到晚都在感冒。

感冒常見的症狀是發燒、咳嗽、流鼻涕、喉嚨痛等，每個小朋友出現的時間跟嚴重程度不同，有的會發燒、有的不會，也不一定所有症狀都有。和「流感」不同的是，流感是由流感病毒引起的，症狀通常更為強烈，也常伴隨著高燒、全身無力和頭痛，在幼兒或長者更是容易併發肺炎。

當你的孩子被診斷為感冒時，不用緊張，治療感冒的不二法門是：補充水分、多休息，一般3~5天，最遲7天內會改善，感冒的藥物在於緩解引起

孩子不舒服的症狀，讓孩子可以好好睡覺或進食。如果 3 天以上沒有退燒，伴隨著精神變差、呼吸急促、持續黃鼻涕、耳朵痛等症狀，就要考慮併發症的可能，例如肺炎、中耳炎、或鼻竇炎，治療跟藥物服用時間就會更久。

鵝口瘡

被白色念珠菌的黴菌感染時，寶寶的嘴巴裡就會出現鵝口瘡，尤其不到 1 歲的寶寶，家長必須注意每次喝完奶之後，都要用紗布巾或是小牙刷清潔口腔，但如果都刷不下來，甚至用力刮會出現流血的情況時，就要考量是不是鵝口瘡。

我們治療的方式是提供藥粉，直接抹在患處，寶寶可以把藥粉吞下去，大約一個禮拜左右就會改善。當出現鵝口瘡時，要注意衛生方面的問題，寶寶如果都是用奶瓶喝奶或是都是媽媽親餵，奶嘴和媽媽的乳頭都要注意清潔乾淨。鵝口瘡嚴重時，會降低寶寶的食慾。

另外也遇過爸媽因為小孩吃了玉米，結果黏在牙齦上，爸媽誤以為是鵝口瘡，怕小孩痛，所以都不敢去刷，結果來到診間，大家笑成一團。

急性細支氣管炎

細支氣管是 2 歲以前，氣管還沒成長完全，所以叫「細支氣管」，急性細支氣管炎會出現像感冒的症狀，醫生在聽診時會聽見寶寶身體裡出現咻咻的聲音，可能是因為痰多塞住，或是氣管發炎了，會有呼吸費力的狀況。

怎樣是呼吸急促或費力呢？呼吸急促是每分鐘呼吸超過 40 下以上，而費力就是出現所謂「肋凹」，就是吸氣時，會到肋骨凹下去的程度，出現這些狀況就是比較嚴重的呼吸道問題，一般來說我們會建議住院，需要進行藥物搭配蒸氣治療。

哮吼

一樣是 2 歲前比較容易出現，是聲道周圍發炎產生，咳嗽的時候，出現像小狗吠的聲音，聲音粗粗的、講話會沙啞，醫生只要聽到這聲音就知道了，和急性支氣管炎一樣，會透過蒸氣療法加上藥物的方式治療，同時舒緩寶寶的不舒服，有些情況還會伴隨發燒，嚴重時不排除要住院，必須依狀況而定。

肺炎

　　相對其他氣管方面的疾病來說，肺炎是比較嚴重的，因為氣管再往下就到肺部，是最深處的地方，一旦發炎，我們不容易清除掉病菌。肺炎的症狀除了咳嗽、有痰，大部分都會有發燒情形，加上呼吸急促跟費力，醫生聽診時會聽到肺囉音，呼嚕呼嚕的，可以解釋成很多痰在裡面震動的聲音，加上透過 X 光看，會有明顯的發炎表現。肺炎的來源有很多，有些可能是病毒，有些是黴漿菌引起，因為不同來源感染的肺炎表現不同，不過一般會有上述的狀況。

　　另外一種是「吸入性肺炎」，通常都是幼兒嗆到引起的，嗆到一口之後就咳個不停，反應和成人嗆到一樣。例如寶寶洗澡時嗆到水，或是喝奶時嗆到，會造成呼吸困難，也建議住院觀察。

　　肺炎的治療非常複雜，也較需要時間找出原因，之後再根據原因做不同治療。

腸病毒

　　也是 2 歲前要特別注意的疾病，腸病毒不是一種病毒，而是一群病毒，可能每次感染的病毒群不一樣，所以才會有得到腸病毒之後卻沒有免疫的情況。腸病毒有傳染性，幼兒會出現發燒、喉嚨痛，當口腔深處出現水泡，因為口腔黏膜潰瘍疼痛，食慾會大幅降低，這一型叫「咽峽炎」；一部份的幼兒則還會在手掌腳掌出現紅疹，這一型叫「手足口病」。

　　感染腸病毒的幼兒需要住院，出疹子、發燒、喉嚨痛等症狀屬於第一期，這時候就要立即帶來小兒科看診。比較擔心變成重症，尤其如果出現嗜睡、嘔吐、肌抽躍（像抽筋的反射動作，很頻繁且停不下來），建議立即掛急診檢查，讓醫生判斷是不是有演變成重症的可能，因為腸病毒如果進展到第四期，就會影響到腦部和心肺，必須進行重症治療，還可能留下後遺症。

　　如果是在幼兒園發現感染腸病毒，或是家裡成員比較多的狀況，就算是輕症，也要做適當隔離，例如食物、口水等容易造成感染的途徑一定要盡量避免互相傳染。

A型鏈球菌咽喉炎

這是導致扁桃腺發炎的其中一種細菌，不過比較特別的是，幾乎不會有3歲以前的孩子感染，主要發生在3歲以上的小孩，而且這個病症會併發「猩紅熱」，就是除了發炎跟發燒，會有「草莓舌」的情況，另外，身上會出現紅疹，而且摸起來粗粗的、會癢，因為屬於細菌感染，可以吃抗生素治療，大約服藥一個星期就會痊癒。

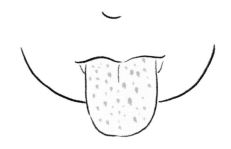

草莓舌，是扁桃腺發炎併發猩紅熱後出現的表現症狀。

上述如腸病毒、哮吼、感冒等，都沒有提到特效藥，因為病毒沒有特效藥，只能等自體免疫力提升以後壓下來，而A型鏈球菌因為屬於細菌感染，才可以吃抗生素治療。

腸胃炎

腸胃炎的症狀是發燒、腹痛、上吐、下瀉，這四個是最常見的症狀，但不見得四個都有，有的沒發燒、有的沒有拉肚子，來源可以分為病毒跟細菌兩種。

病毒中比較常見的像是輪狀病毒，拉肚子會拉得比較厲害，5歲前特別容易感染，也可能會有脫水到需要住院的情況，不過我們有口服疫苗可以預防。第二多的病毒性腸胃炎就是諾羅，感染到諾羅病毒，通常都是因為食物或周遭的人生病、汙染到食物。是比較容易引發嘔吐的疾病，幼兒要多補充水分、休息。

細菌性感染最常見的是沙門氏菌，來源很廣泛，除了食物、沒煮熟的肉、雞蛋、沒有煮沸的水蛋殼、都有可能，常見症狀是發高燒、腹痛、血便。通常腸胃炎都會做糞便檢查，確定病因後就開始進行藥物治療，因為沙門氏菌在環境中很常見，食用沒有保存好的食物就是一個常見的原因。

寶寶的其他異常狀況

Q1 寶寶頭上有腫塊，是正常的嗎？

頭部有腫塊，大部分是來自生產過程的擠壓，「自然產」或是以「吸引生產」方式出生的寶寶較容易出現，腫塊中一部分可能是身體的組織液，稱為「產瘤」，一部分是寶寶真的有受傷流血，也稱「頭血腫」，通常外觀看不出來，不過兩種都不需要特別治療。如果腫塊裡面是組織液，會消得比較快，大概3天內就消退了，若是頭血腫，腫塊通常要2~3個月才會逐漸消失，少數頭血腫的寶寶會併發感染或黃疸，照顧上仍須留意。

Q2 寶寶的頭總是歪歪的？

有些爸媽發現寶寶頭好像歪歪的，這個情況如果持續到出生後1個月甚至2個月，可以摸摸看寶寶脖子兩側的「胸鎖乳突肌」，摸摸看是不是有一邊特別緊繃，或是摸到腫塊，如果有，請趕快到醫院就診，院方會照超音波，確認是否確診「肌肉性斜頸」，在寶寶出生3個月內透過復健治療，有九成的治癒率。

斜頸症寶寶在出生3個月內治療，有90%的治癒率。

Q3 寶寶的嘴巴裡長出白色點點？

一般有兩個地方會出現白點，一個是寶寶的上顎，一個是牙齦，這種「白點」有不同名稱，如果是長在上顎的部分稱作「珍珠斑」，如果是在牙齦的部分稱作「邦氏斑」。都是正常的，很常見，也不需要特別處理。要特別提醒爸媽的是，別和寶寶長牙齒搞混了，因為人類的第一顆牙大約在6~7個月才會長出來，這個白點可以說是寶寶出生後留下的一個遺跡，會自行慢慢消退。

Q4 寶寶的陰囊為什麼腫腫的？摸不到蛋蛋耶？

我們稱作「陰囊水腫」，有10~20％的男寶寶會發生，主要是因為寶寶的身體結構還不是很穩定，因此組織液才會流到陰囊中，在寶寶1歲前會慢慢代謝掉，不需要處理，看診時，醫師會到用手電筒照射確認，如果陰囊是會透光的，就是陰囊水腫。

如果1歲後還是有水腫情況，才需要找外科或泌尿科醫師檢查，有可能是合併疝氣的問題，也就是寶寶的腸子掉到陰囊裡，用手電筒照時，會發現不是水狀、而是不透明的東西，這就屬於疾病。通常是當媽媽摸到寶寶陰囊時，發現寶寶會哭，且跨下明顯看見一塊硬硬的東西。

當合併疝氣問題，要開刀動手術時，因為嬰兒很難保持穩定不動，所以會需要全身麻醉。另外一個是，如果男寶寶的睪丸出生後並沒有在陰囊內，而且「摸不到蛋蛋」的話，就是「隱睪症」，在1歲前，寶寶有25％的機會睪丸會下降歸位，但如果1歲後還是找不到睪丸的蹤跡，就要進醫院做超音波檢查或動手術，以免睪丸壞死、變成腫瘤。

Q5 我的寶寶是O型腿，怎麼辦？

寶寶還在媽咪子宮裡時，因為空間有限，所以腿部會向內彎曲，膝蓋難以併攏，因而自然形成「O型腿」狀態，1歲半以前幾乎每個寶寶都是O型腿，屬於正常現象。寶寶開始學習走路後，髖關節附近的股骨頸也逐漸後傾，腿型逐漸拉直，滿1歲半到2歲時，腿型會看起來幾乎筆直。但在2～4歲時，膝蓋關節會逐漸往外翻向前，所以會呈現X型的腿型。4歲之後，雙腿又會慢慢拉直，成長至6～7歲才恢復成筆直的雙腿，定型下來。

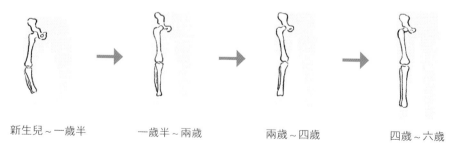

新生兒～一歲半　　　　一歲半～兩歲　　　　兩歲～四歲　　　　四歲～六歲

和寶寶一起度過的這個月……

後記

由資深的護理師團隊、婦產科醫師、中醫師與小兒科醫師，全方位照顧新手媽媽與寶寶的【秀傳產後護理之家】，承接體系的力量，接軌心理諮商，結合專業物理治療師、營養師等醫療服務，讓新手爸媽不只是在產後護理之家調理生理上的疲憊，還能促進身體活力、呵護心靈健康。

貼心在各樓層設置爸爸的「Man Cave 男人窩」，一樓遊戲區更讓大寶開心暢玩！

媽媽需要專屬自己時間時，有瑜伽、手作教室提供有趣的課程，致力於給新手爸媽一個安心又舒心的環境。

全數房間均有大量自然採光，中庭的盈盈綠意與大樹，讓偏遠地區民眾也能享有大都會的醫療品質。

秀傳醫療體系設立的宗旨是——

【秀傳產後護理之家】集結了五星級飯店設備與專業醫學技術，從照顧新手媽媽與寶寶開始，照顧全家人、全家族的身心靈。

精緻房 │ 一對一獨立冷暖空調、幽靜雅緻

豪華房 │ 含客廳、坪數升級，返家般自在從容

交誼廳 │ 名家設計，獨棟管理，全館 PM2.5 濾清空氣

台灣廣廈 國際出版集團
Taiwan Mansion International Group

國家圖書館出版品預行編目（CIP）資料

權威醫療團隊寫給妳的全方位坐月子‧新生兒照護全攻略：史上第一本！專科醫師教妳從產後調養身體、正確飲食、緩解憂鬱到寶寶照顧超圖解/ 林坤沂等作.-- 新北市：臺灣廣廈，2020.10
面；　公分.--（新手媽咪特訓班；25）
ISBN 978-986-130-468-7(平裝)

1.婦女健康 2.產後照護 3.食譜 4.育兒

429.13　　　　　　　　　　　　　109010616

權威醫療團隊寫給妳的全方位坐月子‧新生兒照護全攻略
史上第一本！專科醫師教妳從產後調養身體、正確飲食、緩解憂鬱到寶寶照顧超圖解

總　策　劃/林安仁
作　　者/林坤沂、李容妙、楊雅雯、張簡銘芬、吳宗樺、彰化秀傳暨彰濱秀傳醫院
插　　畫/朱家鈺

編輯中心編輯長/張秀環
封面設計/張家綺‧版面設計/何偉凱、張家綺
內頁排版/菩薩蠻印刷有限公司
製版‧印刷‧裝訂/東豪印刷有限公司

行企研發中心總監/陳冠蒨
媒體公關組/陳柔彣
綜合業務組/何欣穎

線上學習中心總監/陳冠蒨
數位營運組/顏佑婷
企製開發組/江季珊

發　行　人/江媛珍
法　律　顧　問/第一國際法律事務所 余淑杏律師‧北辰著作權事務所 蕭雄淋律師
出　　版/台灣廣廈
發　　行/台灣廣廈有聲圖書有限公司
　　　　　地址：新北市235中和區中山路二段359巷7號2樓
　　　　　電話：（886）2-2225-5777‧傳真：（886）2-2225-8052
讀者服務信箱/cs@booknews.com.tw

代理印務‧全球總經銷/知遠文化事業有限公司
　　　　　地址：新北市222深坑區北深路三段155巷25號5樓
　　　　　電話：（886）2-2664-8800‧傳真：（886）2-2664-8801

郵　政　劃　撥/劃撥帳號：18836722
　　　　　劃撥戶名：知遠文化事業有限公司（※單次購書金額未達1000元，請另付70元郵資。）

■出版日期：2020年10月
ISBN：978-986-130-468-7

■初版三刷：2023年07月
版權所有，未經同意不得重製、轉載、翻印。